建(构)筑物雷电灾害
区域影响评估方法与应用

主编　王智刚　丁海芳　刘越屿

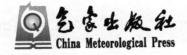

气象出版社
China Meteorological Press

内容简介

　　本书是中国气象局政策法规司"建构筑物雷电灾害风险评估业务试点"项目的研究成果，全面介绍了适用于复杂、不规则、区域性等建（构）筑物群体的雷电灾害风险评估方法及其应用，旨在为突破雷电灾害风险评估遇到的技术瓶颈中起到抛砖引玉的作用。

　　本书介绍了风险的基本概念以及雷电灾害风险评估的发展，重点讨论了区域雷电灾害风险评估的模型及其引用的数学方法，详细讲解了评估模型的计算流程以及需要采取雷电风险控制的措施，并结合工程实际，讲述在不同类型建构筑项目进行雷击风险分析的思路、方法和效果，具有较强的借鉴意义。

　　本书既可供从事雷电风险评估的业务人员工具用书，也可以作为高等院校防雷相关专业的教材。

图书在版编目（CIP）数据

　　建（构）筑物雷电灾害区域影响评估方法与应用/王智刚，丁海芳，刘越屿主编. —北京：气象出版社，2014.9
　　ISBN 978-7-5029-6004-9

　　Ⅰ. ①建… Ⅱ. ①王… ②丁… ③刘… Ⅲ. ①雷—影响—建筑物—气象灾害—评估方法—研究②闪电—影响—建筑物—气象灾害—评估方法—研究　Ⅳ. ①TU119 ②TU895

　　中国版本图书馆 CIP 数据核字（2014）第 214759 号

Jian(Gou)zhuwu Leidian Zaihai Quyu Yingxiang Pinggu Fangfa yu Yingyong
建（构）筑物雷电灾害区域影响评估方法与应用
王智刚　丁海芳　刘越屿　主编

出版发行：气象出版社
地　　　址：北京市海淀区中关村南大街 46 号　　邮政编码：100081
总 编 室：010-68407112　　　　　　　　　　　发 行 部：010-68409198
网　　　址：http://www.cmp.cma.gov.cn　　　　E-mail：qxcbs@cma.gov.cn
责任编辑：吴晓鹏　吕青璞　　　　　　　　　　终　　审：黄润恒
封面设计：易普锐创意　　　　　　　　　　　　责任技编：吴庭芳
印　　　刷：北京京华虎彩印刷有限公司
开　　　本：700 mm×1000 mm　1/16　　　　　印　　张：11
字　　　数：168 千字
版　　　次：2014 年 9 月第 1 版　　　　　　　　印　　次：2015 年 3 月第 2 次印刷
定　　　价：35.00 元

编委会

主　编：王智刚　　丁海芳　　刘越屿

编　著：张义军　　郭在华　　贺秋艳　　林　刚

　　　　孟　青　　牟翔永　　程向阳　　黄晓虹

　　　　覃彬全　　刘可东　　冯民学　　吴　岚

　　　　陈华晖　　汤　宇　　赵景昭　　刘凤姣

　　　　王　红

前　言

　　防雷工作涉及国计民生,与经济社会发展和人民群众生命财产息息相关。受全球气候变化影响,我国极端天气气候事件增多,雷电呈现历时短、突发性强、发生规律异常、雷电流幅值强大等特点,使得雷电在造成直接伤害的同时,还表现为热效应、机械效应和发生火花等间接伤害,这些伤害可能殃及四邻,甚至影响局部环境。

　　"未雨绸缪"和"有的放矢"是大家耳熟能详的成语,其所体现的就是中国古代劳动人民评估未知的风险并加以防范的朴素的智慧。对于防雷减灾而言,为了减少雷击造成的损失,应当通过风险评估来确定是否需要采取防雷措施以及防护的程度。

　　通过国内雷击风险评估业务现状调研来看,政府规划、项目选址和防雷设计等各个环节都迫切需要有针对性的专业雷击风险评估服务,对专业化程度较高的雷击风险评估技术运用和雷电气象数据深度挖掘的需求很迫切,在巨大的危机和挑战面前,加强雷击风险评估工作管理,提升服务科技内涵,切实满足防雷安全的需求已迫在眉睫。

　　本书中介绍的"建(构)筑物雷电灾害区域影响评估方法"基于多层次模糊综合分析法,深入研究区域雷击风险的各种影响因素,研究并确定影响区域雷击风险评估的指标等级、标准并提出专业化防灾减灾措施。对比 IEC 62305 来说,主要解决以下技术关键难点:①适用范围广。IEC 62305 仅适用于普通建筑物及其服务设施,本方法成果评估对象不受局限,满足于危爆危化、铁路、大型桥梁、旅游等不同行业、不同类型的建(构)筑物雷击风险评估;②利用 IEC 62305 进行雷击风险评估,必须取得项目的整体设计方案,无法满足项目规划、选址阶段对雷击风险评估需求,而本方法有效结合雷电活动时空分布、地域和项目属性,适用于建设项目规划、选址、投入运行等不同阶段雷击风险评估;③IEC 62305 结论具有通用性,无法体现交通、大型桥梁、高层建筑、危爆危化等行业建(构)筑物的特殊性,而本课题成果充分考虑了项目区域范围内的雷电风险、地域风险、承灾体风险和周边环境影响,提出针对性和可操作性强的雷击风险评估措施和建议;④采用先进合理的层次综合分析法,对各类区域雷击风险进行定性和定量综合分析,有效解决了各层次影响因素难以量化的问题。

本书将从气象灾害的风险开始引述,重点对雷电灾害的区域风险管理与分析方法进行分析和阐述,最后介绍软件平台设计,以及一些精选案例来展示建(构)筑物雷电灾害区域影响评估的方法的应用。

本书得以顺利出版,要特别感谢成都信息工程学院、中国气象科学研究院大气探测研究所、上海市防雷中心、江苏省防雷中心、安徽省防雷中心、重庆市防雷中心等单位的支持,在此一并表示感谢。

编者
2014 年 6 月

目　　录

第1章 风险与风险评估的定义

1.1 风险的基本概念

1.1.1 风险的定义

风险指在某一特定环境下,在某一特定时间段内,某种损失发生的可能性和后果的组合,简而言之,风险是指事物遭受损失的可能性,或者指事物遭受破坏事件后具有的不确定损失。

风险具有普遍性、客观性、损失性和不确定性,如自然界的洪涝、干旱、冰冻、台风、地震,人类社会的瘟疫、车祸、疾病等风险都是不以人的意志为转移的。因此,风险是伴随着人类的生存和生活而存在的,若没有人类的生存和生活,也就不存在风险,我们只有尽可能地在特定的时间和空间改变风险存在和发生的条件,降低风险发生的频率和损害程度,却难以彻底消除风险。

1.1.2 风险的构成

风险一般是由多种要素构成,主要包括风险因素、风险事故和损失三个方面的内容,定义及内涵分别为:

(1)风险因素:指产生损失和影响损失幅度的内在或外在条件,它是事故发生的诱因,是造成事故损失的内在或间接原因。如:一栋大楼,建筑这栋大楼所用的建筑材料的质量和建筑结构合理性都是造成房屋倒塌风险的潜在因素。

(2)风险事故:指引起人员伤亡、财产损失的风险事件,它是事故损失的直接和外在原因。如:下雪天路面很滑,导致发生车祸,造成人员伤亡,这时"雪"是风险因素,"车祸"就是风险事故。

(3)损失:指非故意的、非计划的和非预期的经济损失,在实际中,损失可以分为实质的、直接的损失和额外费用、收入损失和责任损失。如:固定资产的折旧,它满足了经济价值减少这个条件,但由于它是有计划的和预期可知的经济价值的减少,因此,不满足损失的所有条件,故不能称其为损失。

风险因素、风险事故和损失是构成风险的必要元素,三者之间的关系如图1-1所示。

从风险因素和风险事故之间的关系来看,风险因素只是风险事故产生进而造成损失的可能性或使之增加的条件,它并不直接导致损失,而只有通过风险事故这个媒介才产生损失,也可以说,风险因素是产生损失的内在条件,而风险事故是外在条件。

1.1.3 风险评估的内容

风险评估是指,在风险事件发生之前或之后,对该风险事件给人类的生活、生命和财产等各个方面所造成的影响和损失的可能性进行量化评估的工作,简而言之,风险评估就是量化评价某一个事件或事物带来的影响或损失的可能程度。若用数学公式来表示风险,即损失发生的不确定性,它应该是不利事件或损失的发生概率及其后果的函数,即:

$$R = f(P, C) \tag{1-1}$$

其中,R 表示风险,P 表示不利事件发生的概率,C 表示该事件产生的后果。对于相对定量化的风险评估,常常需要按照一定的方法计算风险事件中各种可能结果的 P 和 C,从而确定风险值的大小。

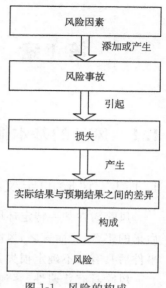

图 1-1　风险的构成

1.2 雷电灾害风险评估

1.2.1 雷电灾害风险评估的发展和应用

1995 年,国际电工委员会颁布与实施 IEC 61662 标准标志着雷电灾害风险评估工作的起步,该标准经历了十五年左右的时间于 2008 年重新修订颁布,更名为 IEC 62305-2(风险管理)。

在国内,雷电灾害风险评估工作起步于 20 世纪 90 年代末,如 2000 年 11 月 20 日,中国气象局发布了《气象信息系统雷击电磁脉冲防护规范》(QX 3－2000),在其附录 A 中明确给出了"雷击风险评估方法",方法相对简单,适用于由雷击电磁脉冲对气象信息系统造成损失的风险评估,评估的内容主要是确定年平均直击雷次数 N 和年平均允许雷击次数 N_c;2012 年 6 月 11 日修订的《建筑物电子信息系统防雷技术规范》(GB 50343),评估的主要内容是考虑建筑物年预计雷击次数、建筑物入户设施年预计雷击次数,以及建筑物电子信息系统因直接雷击和电磁脉冲损坏可接受的年平均最大雷击次数,确定雷电防护等级;2013 年 5 月 31 日,中国气象局第 24 号令公布了《防雷减灾管理办法(修订)》,并于 2013 年 6 月 1 日起施行,其中第二十七条规定大型建设工程、重点工程、爆炸和火灾危险环境、人员密集场所等项目应当进行雷电灾害风险评估,以确保公共安全。

目前,大部分省市防雷中心已经广泛开展了雷电灾害风险评估工作,并且已经取得了显著的社会效益。这种基于 IEC 62305 雷击风险评估计算方法,通常雷电损害的风险 R 由下面的关系(式 1-2)来确定:

$$R = N \cdot P \cdot L \tag{1-2}$$

式中,N 表示防雷保护对象的年雷击次数,即在所观察范围内的雷击发生的频率。

P 表示雷击损坏概率,即雷击引起某种确定损坏的概率为多大。

L 表示雷击损坏后果,即对损坏的量化评估,包括某一确定的损坏会有什么样的后果,以及损失的数量和规模的大小。

进行雷击风险评估的任务就是找出相关的风险因素,并确定这三个参数:N、P、L 的大小,其中包括许多个别参数的确定,其评估流程如图 1-2 所示。

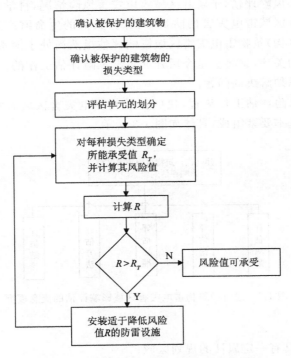

图 1-2　IEC 62305-2 雷击风险评估流程

在决定选择雷电保护措施时,检查对应于某种损失类型的损害风险 R 是否超出可承受的风险值 R_T(风险允许值),为了防止雷电损害,充分地保护建筑物,必须满足 $R < R_T$。

1.2.2　建(构)筑物雷电灾害区域影响评估的定义

现行雷电灾害风险评估方法主要依据是 IEC 62305-2、GB/T 21714 等标准，其评估对象基本只能为单体建筑物，而随着计算机、电子产品及网络设备等的广泛适用，建(构)筑物遭受雷击之后，对其周围建(构)筑物的影响越来越明显，因此，某评估项目区域内的雷电灾害风险不仅仅是简单地将各单体建(构)筑物的风险叠加到一起，当成整个项目区域的雷电灾害风险，所以现有评估方法的评估对象和必要条件严重制约了风险评估工作的开展。对于一个区域范围(即大面积的评估对象)的雷电灾害风险，这些方法都不太适合。

因此，针对上述雷电灾害风险评估方法的不足之处，并结合当前雷电灾害风险评估工作的实际需求，在对全国雷电灾害风险评估业务的考察和调研的基础上，建(构)筑物雷电灾害区域影响评估方法成为了研究重点。对某些特定的区域进行雷电灾害风险评估，了解其区域雷电灾害风险情况，科学地、合理地、有针对性地统筹分析区域雷电灾害的防御，对保护人们的生命财产安全具有重大的意义。目前，建(构)筑物雷电灾害区域影响评估虽然尚处于探索阶段，但已经越来越引起人们的关注，它将会是今后开展雷击风险评估工作的一个趋势，同时也是我们现阶段亟须解决的问题。

依照雷电风险评估工作流程，建(构)筑物雷电灾害区域影响评估的概念模型主要由五个基本要素组成，具体如图 1-3 所示。

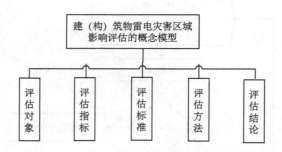

图 1-3　建(构)筑物雷电灾害区域影响评估的概念模型

其中：

评估对象：具有一定属性的规划区域；

评估指标：影响雷电灾害风险的因子，如雷暴活动参数、地闪密度、土壤结构特点、地形地貌、周边环境、被评估项目自身属性、区域内的建(构)筑物结构特征、内部电子电气系统等系列相关因子；

评估标准：判断评估指标的风险等级或风险程度的基准，即本书中的评语集；

评估方法:结合层次分析法和模糊综合评判;

评估结论:综合风险等级、风险源分析、有效地雷电防护措施。

1.2.3 建(构)筑物雷电灾害区域影响评估的步骤

目前,国内外对雷电灾害易损性划分的研究比较成熟,在建(构)筑物雷电灾害区域影响评估的初步阶段,雷电灾害易损性划分可作为建(构)筑物雷电灾害区域影响评估的理论参考。

根据区域雷电灾害易损性的理论分析,灾害的发生是由致灾环境的危险性(雷电)和承灾体(地面上的人、物体)的易损性来决定的。建(构)筑物雷电灾害区域影响评估方法以工程项目区域为评估对象,其中大型工程项目区域可根据项目可行性研究报告中的使用功能分区和位置分布情况进行区域划分。首先,从区域雷电风险致灾的主要影响因素入手,研究、探讨得出区域雷电风险评估指标体系;进而需要对每一个风险指标制定风险等级标准,该标准的制定主要参考现行相关标准、规范;然后引入适合该体系的数学方法进行计算;得出评估区域雷电风险综合评估结果,如风险等级、风险来源以及防护措施等。其具体评估步骤如图 1-4 所示。

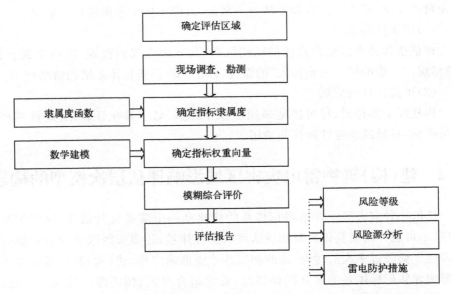

图 1-4　建(构)筑物雷电灾害区域影响评估具体步骤

第2章 建(构)筑物雷电灾害区域影响评估模型

2.1 建(构)筑物雷电灾害区域影响评估建模原则

在对大型区域范围进行雷电灾害风险评估时涉及时空环境、周边环境以及下垫面环境等众多复杂的影响因素,既有可以定量化的指标也有定性化的指标。为了得到科学的评估结论,必须针对区域雷电灾害风险的特点甄选相应的评估指标,然后在此基础之上应用数学方法进行风险计算。

作为衡量区域雷电灾害风险的指标,除了符合科学性、完善性和独立性等基本原则,还应能满足以人为本、具有层次性和可操作性等原则。

(1)以人为本的原则

建(构)筑物雷电灾害区域影响评估其风险评估和风险控制都服务于人类的生命财产安全,是人类生存和生活的一部分,人应该居于考虑的首要地位。

(2)层次性的原则

评估指标体系应根据系统的结构层次,建立由宏观到微观、由抽象到具体,"目标层——影响层——指标层"的架构,以便使评估指标体系结构清晰明了。

(3)可操作性的原则

构建评估指标时,尽可能地采用可操作性强、易于量化计算、有统计基础的定量指标,尽量减少定性指标的使用。

2.2 建(构)筑物雷电灾害区域影响评估层次模型的构建

任何一种灾害风险评估指标体系的构建是一个需要反复选择、反复实践的过程,不可能一次就获得大家比较认可的指标体系,还要兼顾这些因素数据的可获得性。要经过多次的讨论、修改和实践才能准确定位,建(构)筑物雷电灾害区域影响评估指标体系的建立同样如此,必须结合专家、相关部门的综合意见,在全面分析系统的基础上推敲确定。

建(构)筑物雷电灾害区域影响评估指标体系的构建过程就是最大限度地确定雷电潜在风险的各种因素,以及这些因素之间的相互作用的过程。

通过对 2005—2012 年全国雷击灾害统计资料进行的统计分析,雷击灾害从过去的直接雷击造成人畜伤亡的直接经济损失转换成电气电子设备受损、引发爆炸火灾、电磁脉冲等多种表现形式的间接损失,与此同时,雷灾的发生呈现出多样性,常常与所处的地理条件、周边环境有一定的相关性。建(构)筑物雷电灾害区域影响评估模型应结合雷电自身的放电特性、影响雷电放电的地域环境、承灾体对雷电的敏感特性、承灾体的既有雷电防御状况等多方面要素,建立一个多层次的指标体系,从而能够很好地反映不同类型风险状况。鉴于以上考虑,拟建立的体系以雷电风险、地域风险、承灾体风险以及防御风险作为第一级指标,一级指标是影响区域雷电灾害风险的主要因素和核心内容,同时,每个一级指标都包含有相应的下属指标,即二级指标。然而,为了使某些二级指标的数据具有可取性,它们又包含有相应的下属指标,即三级指标。

2.2.1 区域雷电灾害风险预评估层次模型

根据建(构)筑物雷电灾害区域影响评估方法的应用对象,在进行雷电灾害风险预评估时,应重点考虑雷电风险、地域风险以及承灾体风险三个指标,通过综合分析项目存在的区域雷电风险,为项目选址、防雷设计提供重要参考,从而达到控制雷击风险的目的。

综上所述,根据层次分析法的条理化、层次化原则,建立了区域雷电灾害风险预评估的递阶层次结构模型,如图 2-1 所示。

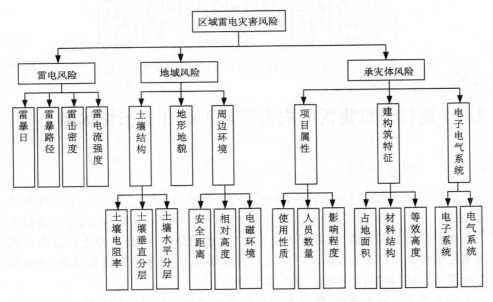

图 2-1　区域雷电灾害风险预评估的层次结构模型

2.2.2 区域雷电灾害风险现状评估模型

雷电灾害风险评估不仅仅适用于新建项目,对于已建建（构）筑物,需要重新评估其防雷措施效果以及所处的雷电环境时,同样可以针对雷电灾害风险现状进行评估,从而有针对性地对项目防雷的薄弱环节进行改善,达到经济适用的目的。

根据层次分析法的条理化、层次化原则,建立了区域雷电灾害风险现状评估的递阶层次结构模型,如图 2-2 所示。

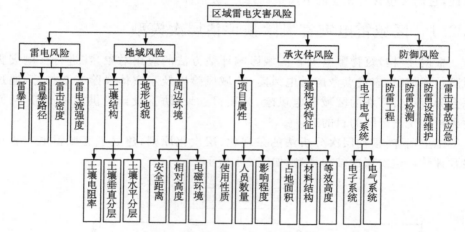

图 2-2 区域雷电灾害风险现状评估递阶层次结构模型

2.3 建（构）筑物雷电灾害区域影响评估指标体系

2.3.1 雷电风险

雷电是发生雷灾的先决条件,雷电具有随机性、局域性、分散性、突发性等特点,雷暴云中电能的释放,通过直接击中物体,雷击电磁脉冲效应,闪电电涌侵入以及地电位反击等途径,使其强大的电流、炙热的高温、强烈的冲击波以及强烈的电磁辐射等物理效应在瞬间产生强大的破坏作用,毁坏建筑物和设备,造成供配电系统、通信系统、计算机信息系统中断。

其危害主要分为两类:即直击雷的危害和雷击电磁脉冲的危害。直击雷的直接危害主要表现为雷电引起的热效应、机械效应和冲击波等;间接危害主要表现为雷电引起的静电感应、电磁感应、雷电反击等。

雷电引发的雷灾事故与其发生雷电活动时所携带的强大雷电流以及雷击次

数密切相关,因此,在进行雷击风险评估时重点考虑雷击密度、雷电流强度等因素,这些信息可以通过全国雷电探测网获取。通过对我国的雷电探测环境进行调研分析,目前仍有部分省份没有雷电探测环境覆盖,可考虑通过当地雷暴日以及雷暴路径进行弥补。

因此,确立雷电风险为评估系统的一级指标,它包括两组二级指标:雷暴日和雷暴路径或雷击密度和雷电流强度。在实际评估过程中,可根据当地人工观测的雷暴资料和闪电定位系统资料的提供情况选取其中一组作为分析指标因素。

(1)雷暴日

雷暴日是指一个地区在一年中发生雷电放电的天数,是表征一个地区雷电活动频繁程度的指标,在一天当中,只要有一次以上的雷电放电就算一个雷暴日,而不论该天雷暴发生的次数和持续时间,雷暴活动的气候资料是用气象台站的雷电观测资料进行多年统计的平均结果。雷暴活动的气候统计使用的资料越长,则雷暴活动的气候代表性越好,通常需要至少 30 年的观测资料,才能得到较好的气候代表性。雷暴观测站密度越高,则雷暴参量的地理分布代表性越好。由于雷暴活动是中小尺度天气系统,其空间尺度小,从几千米到几十千米,时间变化快,常规的人工观测雷电进行记录难以捕捉到辖区内所有的雷电活动,因此,年雷暴日虽可更为可靠地反映全年雷暴的活动,但不能反映一天中雷暴发生的频次和持续时间。如果条件允许,应优先考虑使用雷电监测网提供的数据,避免使用雷暴日参数。

(2)雷暴路径

在进行雷暴观测记录时,地面观测人员会记录雷电的起止时间和相应的雷电方位,通过对多年的观测资料进行分析,可以判断一个小范围的地域雷暴活动的移动规律,对于项目选址以及防雷设计时的功能布局有参考作用,但限于观测环境,观测资料不可避免地存在一定的人为因素,因此,在条件允许的情况下,应考虑使用雷电定位监测资料进行弥补。

雷暴路径是指一个地区的雷暴移动方向,它是表征一个地区雷电活动集中程度的指标。本书中该指标是指评估区域所在地气象台、站资料确定的雷暴移动在当地不同方向(正东、东南、正南、西南、正西、西北、正北、东北)的百分率,雷暴玫瑰图如图 2-3 所示。

(3)雷击密度

随着科技的发展,雷电监测定位系统目前已经基本覆盖全国,从理论上讲,其核心是通过几个站同时测量闪电回击辐射的电磁场来确定闪电源的电流参数,尤其可以获取到雷击点具体位置、放电时间、放电电荷、辐射能量等多种指标。雷击密度对分析高层建(构)筑物群的雷击特性十分有用,与承灾体的落雷

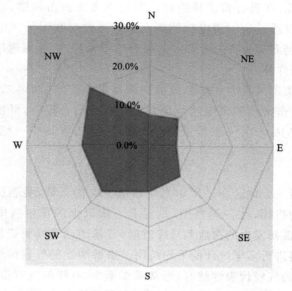

图 2-3　雷暴路径玫瑰图

概率密切相关。

（4）雷电流强度

事实上，对承灾体提供 100％的防护措施通常既不可能而且经济上也不合理，不同的雷电防护水平都对应一组雷电流参数的最大值和最小值，这些最大值用来设计雷电防护部件，如导体截面积、金属板厚度、SPD 的通流量、防止危险火花的最小分割距离等，最小值用来推导滚球半径，接闪器的布置和确定直接雷击不能达到的雷电防护区。

雷电流强度（kA）指一个地区多年统计的地闪雷电流的平均值。它是表征一个地区雷电活动可能损害程度的指标。本书中该指标参数值以当地气象台、站资料给出的强度统计值为准。

2.3.2　地域指标

如果土壤电阻率存在明显的分层或者突变，则土壤电阻率小的地方或者电阻率突变处被雷击中机会就大得多，如湖边、土壤与水田交界处、潮湿土壤、河床等处极为容易遭受雷击。

雷电会优先选择放电条件好的通道，如含有导电粒子和游离分子的气团，在空旷场地的孤立建筑物，山中的迎风坡、峡谷等容易造成气流加剧的位置。

雷灾事故的发生往往与附近一定距离的既有建筑有关，如在超高层建筑附近建设项目时，已有的超高层建筑往往起到了引雷的作用，当其对所吸引过来的雷电流没有完全吸收时,雷电可能就近泄放,往往对附近的低矮建筑造成危害,增加了附近雷击次数的发生。

从以上分析来看,在确立地域风险为评估系统的一级指标的基础上,分解它为三个二级指标:土壤结构、地形地貌和周边环境。而为了指标参数值的可取性和可操作性,有的二级指标需要继续被分解为多个三级指标。

(1)土壤结构

土壤结构应包含土壤电阻率、土壤垂直分层和土壤水平分层等三个方面,分别从拟建项目所处位置土壤电阻率的大小以及水平分层、土壤电阻率突变等方面来具体分析。

1)土壤电阻率

土壤电阻率是防雷工程设计的重要参数,也是估算接地电阻、地面电位梯度、跨步电压、接触电压,计算相邻近的电力线路和通信线路间电感耦合的重要参数之一。正因为土壤电阻率对接地的重要性,在进行接地设计与施工前,对土壤电阻率的测试以及对测试数据的分析显得尤为重要,但局限于目前土壤电阻率的测试方法,测试得到的土壤电阻率实际为视在电阻率,不是实际土层的真实电阻率,视在土壤电阻率是被测土壤所具有的各种不同地质电阻率的加权平均值。目前只有利用测试得到视在土壤电阻率,通过数值、经验的方法来确定土壤的分层,以及每层土壤的大概厚度与电阻率。

土壤电阻率($\Omega \cdot m$)在工程上定义为单位立方体内土壤相对面之间的电阻,它体现了土壤导电特性和土壤的综合散流特性,是决定接地电阻大小的主要因素。

2)土壤垂直分层

土壤垂直分层($\Omega \cdot m$)定义为具有不同电阻率的土壤交界地段的土壤电阻率最大差值。根据雷击选择性,即不同电阻率土壤的交界地段为易遭受雷击的地点原理,需要引入这一项指标。

3)土壤水平分层

土壤水平分层($\Omega \cdot m$)定义为不同深度的土壤电阻率最大差值。通常土壤有若干层,层与层的土壤电阻率都是不同的,根据兰斯特－琼斯法判断土壤水平分层,由曲线得出各层的土壤电阻率,土壤电阻率最大的层的值用 ρ_{max} 表示、土壤电阻率最小的层的值用 ρ_{min} 表示,则土壤水平分层 $\Delta\rho = \rho_{max} - \rho_{min}$。

(2)地形地貌

雷电流入地的散流分布与地形地貌密切相关,通过对近几年全国雷电定位监测资料分析,雷击点常常呈现小范围局部极值分布特征,如旷野的孤立建筑、土壤突变处、高压线附近、高耸建筑、多雨的三面环山的山地等。因此,地形地貌指标的引入对雷电风险评估有着不可取代的作用。

(3)周边环境

本书中的周边环境指评估区域外 1 km 范围内存在的可能致使区域内项目直接或间接遭受雷击损害的外界因素。该指标包含了安全距离、相对高度和电磁环境等三个方面,主要考虑周边有无储存危化危爆物品的爆炸、火灾危险环境,建(构)筑物、树木等与评估区域内项目的高度相对关系,及周边遭受雷击时对评估区域产生的电磁影响程度。

1)安全距离

安全距离主要考虑在评估区域周边一定范围内是否有潜在影响评估区域内项目安全防雷的爆炸、火灾危险场所或建(构)筑物。例如,危化危爆等物品引起的爆炸、火灾危险环境能够直接或间接影响到区域内项目的安全。

2)相对高度

相对高度考虑的是评估区域周边一定范围的建(构)筑物、雷击可接闪物最高点与区域内建(构)筑物高度的一种相对关系,其中相对较高的建(构)筑物比较容易成为雷击对象,因此,区域周边一定范围的建(构)筑物与评估项目其高度的相对关系是一个不能不考虑的因素。

3)电磁环境

美国通用研究公司 R. D. 希尔用仿真试验建立模式证明:由于雷电干扰,对无屏蔽的计算机,当雷电电磁脉冲的磁感应强度(B_s)超过 0.07 高斯(Gs)时,计算机会误动作,当 B_s 超过 2.4 Gs 时,计算机会发生永久性损坏。自电子技术从电子管元器件发展到大规模集成电路以来,元件的耐受能量降低很多,而雷电这一大气物理现象,每次释放数百兆焦耳(MJ)的能量,这就无法保证在特定的环境下,微电子设备和计算机系统遭受雷击仍能安全运行。雷击事件的发生,轻则造成设备损失,重则造成伤亡事故发生。而在一些重要场合,这种有形或无形的损失及影响远比设备本身的价值大得多。

在距闪电主放电通道远处,雷电电磁脉冲辐射会产生传导型电流、感应电压及放电、感应电流等,这些电磁现象可能对电气电子系统造成破坏,造成计算机误动作或发生永久性损坏。随着近几年科技的发展,电气电子设备的广泛应用,使得雷电间接危害也成了雷电致灾的新途径。

2.3.3 承灾体风险

雷击事故造成的损失主要包括经济损失、人员伤亡、服务中断等,区域内承灾体自身结构材料、地网设计、外墙结构、屋面属性设施,以及建筑结构钢筋的设计、电气设计等多种因素都将直接影响着其遭受雷击后的潜在风险大小。因此,确立承灾体风险为评估系统的一级指标,从承灾体对雷电的敏感程度、耐受程度、遭受雷击后对外影响程度,以及区域内人员活动情况等方面进行下一层分解:包括三个二级指标:项目属性、建构筑特征和电子电气系统。

(1)项目属性

本书中的项目属性包含了评估项目的使用性质、项目内人员数量和影响程度等三个方面,主要考虑评估项目自身的规模、重要性以及在遭受雷击后对人员、项目自身的影响。

1)使用性质

使用性质是指区域内建(构)筑物的重要性、规模等,该指标主要反映不同行业建(构)筑物对雷击的敏感性、易损性,它是一个从总体上考虑评估项目的重要性、脆弱性的指标。

2)人员数量

从人身雷击事故的案例中,不难发现,以往雷击大多数发生在室外,而近年来电子电气设备的普及引雷入室,室内人身事故随之激增,与此同时,由于雷击引发的火灾、危爆危化物品泄漏等造成人身事故的案例比比皆是,应该说,人身防雷不仅是个人之事,而且是社会问题,而建筑密度与人口密度尤其密切相关,更积极的措施是要加强拟建项目的防雷措施。根据雷击事故分析,雷电造成的人身伤害主要是通过接触电压、跨步电压、旁侧闪击和直接雷击等途径。

人员数量是指评估区域内的定额人员数量,雷击事故造成的人员伤亡程度与区域内的人员数量及其分布密度密切相关,因此,需要引入这一个指标。

3)影响程度

影响程度是指区域内的评估项目一旦遭受雷击,则可能对区域外一定范围内的设施及人员造成不同程度的影响,其影响程度主要取决于区域内项目雷击后所产生的爆炸及火灾危险程度。

(2)建(构)筑物特征

建构筑特征包含占地面积、等效高度和材料结构三个方面,主要考虑评估区域内建(构)筑物的结构、建筑材料等所具有的特性在面对雷击时的敏感性。

1)占地面积

占地面积 S 计算方法:$S=S_1+S_2$,其中,S_1 是区域内项目所有建筑物基底面积之和,S_2 是区域内项目所有构筑物的占地轮廓之和。根据《建筑物电子信息系统防雷技术规范》中等效面积的计算方法,占地面积越大,则等效面积越大,进而加大了该建(构)筑物的年雷击次数,因此,占地面积是间接反映区域年雷击次数的指标。

2)等效高度

建筑物的等效高度与建筑物的年预计雷击次数、可能遭受的侧击雷的风险有关,同时,对于排放爆炸危险气体、蒸气或粉尘的放散管、呼吸阀、排风管等的管口外项目应按照 GB 50057—2010 相关条款在建筑物等效高度上增加对应的高度。

3)材料结构

建(构)筑物所用材料结构不同,使得建(构)筑物对雷电敏感性也就不同。根据《建筑物电子信息系统防雷技术规范》,当建筑物屋顶和主体结构均为金属材料、钢筋混凝土材料、砖木结构、木结构时,电子信息系统设备因雷击损坏可接受的最大年平均雷击次数不同。因此,材料结构是一个直接影响雷击概率的指标。同时建筑物的外墙是否为金属框架幕墙、是否有防火隔离层等设计也是影响到雷击事故的重要因素。

(3)电子电气系统

信息技术设备的雷灾已上升为雷灾的绝对主角,这是目前雷电灾害的主要形式,这一类的雷灾往往是由脉冲电磁场、雷电浪涌等造成。呈现出直接损失往往不大,但计算机误动作等故障造成后果的严重性远远超过其元件的损毁。

1)电子系统

电子系统是指由敏感电子组合部件构成的系统,该指标用来评估项目内电子系统的规模、重要性及发生雷击事故后产生的影响,是一个举足轻重的指标。

2)电气系统

电气系统是指由低压供电组合部件构成的系统,也称低压配电系统或低压配电线路,评估项目内供配电系统直接影响着雷击事故的损害程度。

2.3.4 防御风险

承灾体自身的雷电防御手段以及应急措施是控制承灾体雷电风险的最有效的方法,通过区分区域内承灾体的雷电防护系统的防护水平及区域内管理部门对雷电防护重视程度的高低,考虑引入防御风险作为一级指标,其二级指标包括防雷工程、防雷检测、防雷设施维护、雷击事故应急。

(1)防雷工程

防雷工程整体质量的优劣体现了区域内建(构)筑物(包括其电子系统、电气系统、其他附属设施等)的雷电防护水平。

(2)防雷检测

防雷检测是国家设立的防雷检测机构对建(构)筑物防雷设施进行检测的技术管理工作,检测结果直接反映了建(构)筑物防雷设施是否符合国家相关规范、标准的要求。

(3)防雷设施维护

防雷设施的日常检查维护是保证防雷设施安全、可靠、稳定运行的重要环节,防雷设施的产权单位或物业管理部门应当指定熟悉雷电防护技术的专门人员负责做好防雷设施的检查维护工作。

（4）雷击事故应急

雷电预警能够给区域内管理部门提供雷电来临信息，以便及早做出安排，启动雷击事故应急预案，在一定程度上临时规避雷电致灾风险。

第3章 建(构)筑物雷电灾害区域影响评估的数学方法

风险评估是一项理论与实践紧密结合的综合性工作,较多的评估指标因子和不同的度量标准,决定了建(构)筑物雷电灾害区域影响评估必须借助数学方法来解决问题。

在对某一个特定区域进行雷电灾害风险评估时,既要考虑区域雷电活动情况,又要考虑地域条件,如地形特点、土壤结构以及周边环境等,还要考虑区域内承灾体在面对雷击时的脆弱性,如项目特性、建构筑物特征以及项目内电子电气系统等。这些因素之间有些又是相互影响的,从而使评估系统变得更加复杂。

多层次模糊综合评判法首先是根据项目的实际特点,建立评价因素指标体系,将所涉及的诸因素按照某些属性划分为几类;再对每一类进行初层次的综合评价;最后在此基础上对每类所得的评价结果进行更高层次的综合评价,从而得到一个既定量化又较符合实际的评价结果。

因此,建(构)筑物雷电灾害区域影响评估的数学模型采用多层次模糊综合评判方法对某一个特定区域的雷电灾害风险进行研究。

3.1 模糊数学理论的基础知识

在生产实践、科学实验乃至日常生活中,人们遇到需要讨论研究的实际问题,大体上可以分为确定性与不确定性两类,但是有时候很难定量地界定一个因素对一个事物的影响到底有多大,因此,模糊数学就诞生了。1965 年,美国著名计算机与控制专家查德教授提出了模糊集合和"隶属函数"的概念,用以对描述差异的中间过渡,开创了模糊数学的新领域。

模糊数学又称 Fuzzy 数学,是研究和处理模糊性现象的一种数学理论和方法。模糊数学是用数学方法研究和处理具有"模糊性"现象的数学,这里的"模糊性"主要是指客观事物差异的中间过渡中的"不明确性",例如:"冷与热""美与丑""高与矮"等,都很难明确地划定界限。

3.1.1 模糊集合与隶属函数的基本概念

模糊数学理论的基础是模糊集合理论。模糊集合理论被认为是经典集合理论的扩展。经典集合理论的研究对象是具有明确边界的集合,而模糊集合理论的研究对象是"模糊"集合,其边界是"灰色的"。经典集合理论中,对元素 x 是否属于集合 A 是明确的,即 $x \in A$ 或 $x \notin A$,对元素和集合给出一个特征函数来描述元素对集合的隶属函数关系:

$$C(x) = \begin{cases} 1 & (x \in A) \\ 0 & (x \notin A) \end{cases} \tag{3-1}$$

但对于有些模糊量,用这种绝对化的划分是无法表示的,因此,引进模糊集合。其基本思想是把经典集合的绝对隶属关系灵活化、模糊化。

模糊集合定义是设论域 X,集合 A,对于任意一个元素 $x \in A$,用一个函数 $\mu_A(x) \in [0,1]$ 来表示元素 x 隶属于集合 A 的程度,这个集合 A 称为模糊集合, $\mu_A(x)$ 称为模糊集合 A 的隶属度, $\mu_A(x_j)$ 称为 x_j 的隶属度。

3.1.2 隶属函数的确定

隶属度在模糊数学理论中是一个关键概念,模糊集合完全由隶属函数来刻画,在模糊数学中,需要用一个介于 0 与 1 之间的数来反映元素从属于模糊集合的程度,隶属函数就是出于这个目的而建立的。

隶属函数的具体给定,少不了人脑的加工,这必然要受到人的心理因素的影响,此外,方法的选择也与人的主观认识有关,这样就导致隶属函数带有主观成分。但大量的心理学实验表明,人的各种感觉所反映出来的心理活动与外界的物理本质之间保持相当紧密的关系。由于这种关联性的存在,隶属函数可以在很大程度上反映客观实际。

下面介绍几种确定隶属度的方法。

(1)二元对比排序法

人们对事物的认识往往是从两个事物的比较开始的,例如有甲、乙、丙三个人,看谁的"思维敏捷"隶属度最大。先对甲、乙做比较,可以得到模糊认识"乙比甲思维敏捷";又对甲、丙做比较,获得模糊认识"丙比甲思维敏捷";在乙、丙间进行比较,认为"乙比丙思维敏捷"。利用这种二元比较的方法,就可以获得三者的思维敏捷程度排序:乙>丙>甲。

二元对比排序法又可以分为相对比较法、择优比较法、对比平均法、有限关系排序法等。

(2)模糊分布

如果模糊集合定义在实数域上,则模糊集合的隶属函数就称为模糊分布。

模糊分布分为三种类型:偏小型、中间型和偏大型。

常见的模糊分布有:

1)矩形分布

偏小型

$$A(x) = \begin{cases} 1 & x \leqslant a \\ 0 & x > a \end{cases} ; \tag{3-2}$$

中间型

$$A(x) = \begin{cases} 0 & x < a \text{ 或 } x > b \\ 1 & a \leqslant x \leqslant b \end{cases} ; \tag{3-3}$$

偏大型

$$A(x) = \begin{cases} 0 & x < a \\ 1 & x \geqslant a \end{cases} ; \tag{3-4}$$

2)梯形分布

偏小型

$$A(x) = \begin{cases} 1 & x < a \\ \dfrac{x-a}{b-a} & a \leqslant x \leqslant b \\ 0 & x > b \end{cases} ; \tag{3-5}$$

中间型

$$A(x) = \begin{cases} 0 & x < a \\ \dfrac{x-a}{b-a} & a \leqslant x \leqslant b \\ 1 & b \leqslant x < c \\ \dfrac{d-x}{d-c} & c \leqslant x < d \\ 0 & x \geqslant d \end{cases} ; \tag{3-6}$$

偏大型

$$A(x) = \begin{cases} 0 & x < a \\ \dfrac{x-a}{b-a} & a \leqslant x \leqslant b \\ 1 & x > b \end{cases} ; \tag{3-7}$$

本书中定量指标的隶属函数采用的是较为常用的基于区间数的梯形分布。

3.2　层次分析法

3.2.1　层次分析法简介

层次分析法(Analytic Hierarchy Process 简称 AHP)是美国运筹学家匹茨堡大学教授萨蒂于 20 世纪 70 年代初,在为美国国防部研究"根据各个工业部门对国家福利的贡献大小而进行电力分配"课题时,应用网络系统理论和多目标综合评价方法,提出的一种层次权重决策分析方法。这种方法的特点是在对复杂的决策问题的本质、影响因素及其内在关系等进行深入分析的基础上,利用较少的定量信息使决策的思维过程数学化,从而为多目标、多准则或者无结构特性的复杂决策问题提供简便的决策方法。该方法自 1982 年被介绍到我国以来,以其定性与定量相结合地处理各种决策因素的特点,以及其系统灵活简洁的优点,迅速地在我国社会经济发展的各个领域内,如能源系统分析、城市规划、经济管理、科研评估等,得到了广泛的重视和应用。

在区域内雷电灾害风险评估过程中,某些因素对风险的影响程度难以直接、准确地计量的情况下,使用层次分析法是合适的。

3.2.2　层次分析法基本原理

层次分析法的基本原理是把一个复杂系统中的每个指标分解为若干个有序层次,每一层次中的元素具有大致相等的地位,并且每一层与上一层次的某个指标和下一层次的若干指标有着一定的联系,各层次之间按照隶属关系组建成一个有序的递阶层次结构模型。在这个层次结构模型中,根据客观事实进行判断,通过两两比较判断的方式确定同一层次中每个指标的相对重要性,以数字的形式建立判断矩阵,然后利用向量的计算方法得出同一层次中每个指标的相对重要性权重系数,最后通过组合计算所有层次的相对权重系数得到每个最低层指标相对于目标的重要性权重系数。

人们在日常生活中经常会碰到多目标决策问题,例如,假期某人想要去某乡村旅游度假,层次分析法会根据诸如乡村资源条件、环境条件和旅游条件这三个方面分别给以评价,然后根据旅客心目中这三个方面影响程度,综合评价以确定该乡村是否可以作为旅游度假的选择。上面关于乡村旅游资源定量评估例子的层次结构图如图 3-1 所示。

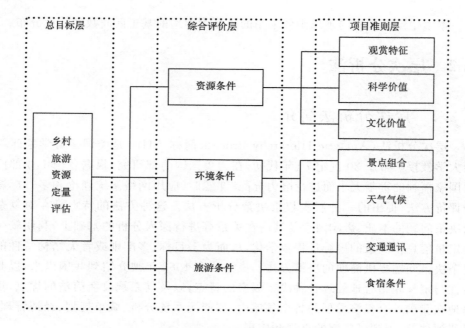

图 3-1　乡村旅游资源定量评估例子的层次结构图

3.2.3　层次分析法基本步骤

在实际研究中,应用层次分析法分析问题大体要经过以下五个步骤:

(1)建立层次结构模型

通过对待解决问题的深入研究和分析,确定该系统的总目标,实现总目标的准备和各种约束条件等。将相关的各个因素按照性质、目标的差异进行自上而下的划分,同一层次上的各个因素从属于上一层的因素,同时它们又支配下一层的相关因素。

(2)构造判断矩阵

判断矩阵是对各指标的重要性定量化的基础,它反映了决策者对各指标的相对重要性的认识。采用1~9标度法对各指标进行成对比较,确定各指标之间的相对重要性并给出相应的比值,见表3-1。

表 3-1　两两比较赋值表

标度	含义
$a_{ij} = 1$	因素 A_i 与因素 A_j 具有相等的重要性
$a_{ij} = 3$	因素 A_i 比因素 A_j 稍微重要
$a_{ij} = 5$	因素 A_i 比因素 A_j 明显重要
$a_{ij} = 7$	因素 A_i 比因素 A_j 强烈重要

标度	含义
$a_{ij} = 9$	因素 A_i 比因素 A_j 极度重要
$a_{ij} = 2、4、6、8$	介于上述相邻判断的中间值
倒数	$a_{ji} = 1/a_{ij}$

即上述过程得出的判断矩阵 A 为:

$$A = (a_{ij})_{n \times n} = \begin{bmatrix} a_{11} & a_{12} & \cdots & a_{1n} \\ a_{21} & a_{22} & \cdots & a_{2n} \\ \cdots & \cdots & \cdots & \cdots \\ a_{n1} & a_{n2} & \cdots & a_{nn} \end{bmatrix} \qquad (3-8)$$

其中:$a_{ii} = 1, a_{ji} = 1/a_{ij}$。

(3)计算相对权重

这一过程叫层次单排序。通过求解判断矩阵 A 的最大特征值 λ_{max} 及最大特征值对应的特征向量 W,得出同一层次各指标的相对权重系数。

(4)一致性检验

一致性检验是用平均随机一致性指标 RI 对各指标重要程度比较链上的相容性进行检验,当成对比较得出的判断矩阵的阶数大于等于 3 时,则需要进行一致性检验。这一过程主要涉及三个指标值:一致性指标 CI、平均随机一致性指标 RI、和一致性比例 CR,具体计算方法如下:

1)根据判断矩阵得出 CI :

$$CI = \frac{\lambda_{max} - n}{n - 1} \qquad (3-9)$$

2)根据判断矩阵阶数,找出对应的 RI(见表 3-2)。

表 3-2 平均随机一致性指标值

判断矩阵的阶数	1	2	3	4	5	6	7
RI	0	0	0.52	0.9	1.12	1.26	1.36

3)根据 CI 和 RI 的值,计算 CR :

$$CR = \frac{CI}{RI} \qquad (3-10)$$

当 $CR \leqslant 0.1$ 时,则判断矩阵 A 的一致性是符合要求的,反之,需要对判断矩阵 A 的两两比较值作调整,直到计算出符合一致性要求的 CR 值。

(5)计算合成权重

这一过程叫层次总排序。当所有层次的相对权重计算得出后,利用各层次指标的层次单排序结果,进一步计算递阶层次结构模型中最低层指标相对于总目标的组合权重,这个步骤是由下而上逐层进行的。

3.3 模糊综合评价法

现实生活中,同一对象往往具有多种属性,因此,在对事物进行评价时,就要考虑到各个方面。特别是在管理调度、生产规划、科研评估等复杂的系统中,需要对多个相关因素做综合考虑,即所谓的综合评价。模糊综合评价法是一种基于模糊数学的综合评判方法,最早是由我国学者汪培庄提出的,由于在进行系统评价时,使用的评语集往往带有模糊性,所以采用模糊综合评价方法来对系统进行综合评价具有合理性。该综合评价法根据模糊数学的隶属度理论把定性评价转化为定量评价,其特点是评价结果不是绝对地肯定或否定,而是以一个模糊集合来表示。

3.3.1 模糊综合评价法的术语及定义

模糊综合评价是一种运用模糊数学原理分析和评价具有"模糊性"的事物的系统分析方法,它是一种以模糊推理为主的,定量与定性相结合、精确与非精确相统一的分析评价方法,由于这种方法在处理各种复杂且难以用精确数学方法描述的系统问题方面所表现出的优越性,近年来模糊综合评价已经被用于许多学科领域中。为了便于描述,依据模糊数学的基本概念,对模糊综合评价法中的有关术语定义如下:

(1)评价指标集(U):指总目标(被评事物)的具体内容,可以按指标属性分为若干类,把每一类都视为单一评价因素,称之为一级评价指标。一级评价指标可以设置下属的二级评价指标。

(2)评价等级(V):用来描述评价指标的优劣程度,是指标所有的评价结果组成的集合。

(3)隶属度矩阵(R):是某一级指标预处理后的结果,代表评价指标隶属于评价等级的程度。

(4)权重(W):指评价指标在被评对象中的相对重要程度,每一个评价因素的下一级评价因素的权重之和为1,在综合评价中,用作加权处理。

(5)综合评价(B):$B = R \cdot W$,是指加权后的评价值是对被评对象综合状况分等级的程度描述,其中"·"为矩阵相乘。

3.3.2 模糊综合评价的步骤

模糊综合评价的数学模型可以分为一级模型和多级模型。根据对评价指标的分析,有些指标之间是并列关系,有些指标彼此之间是因果关系,即这些指标之间具有不同的层次级别,这是客观存在的现实问题。

一个系统中如果指标体系的指标较少且较容易确定每个指标的权重,一般采用一级模糊综合评判,但对于一个复杂系统,影响系统稳定性的指标较多且权重的分配较难,为了克服这一难点,经常采用二级或多级模糊综合评价模型,本节的建(构)筑物雷电灾害区域影响评估指标体系多且复杂,因此,使用三级模糊综合评价模型。

(1)一级模糊综合评价模型的基本步骤:

1)构建评估体系的指标集 U

$$U = \{u_1, u_2, \cdots, u_n\} \tag{3-11}$$

这一过程就是要构建评估指标体系,选取科学、合理的评估指标。

2)确定评估指标的评价等级 V

$$V = \{v_1, v_2, \cdots, v_n\} \tag{3-12}$$

评价等级即为评估指标的风险等级,它们是确定指标隶属度的参考标准,指标隶属度的确定是结合指标的评价等级与指标参量的计算结果。

3)确定评估指标的隶属度矩阵 R

对评估指标体系的最低层指标建立一个从 U 到 V 的模糊映射,第 i 个指标的评判隶属度向量为 $R_i = [r_{i1}, r_{i2}, \cdots, r_{im}]$,则具有 m 个评估指标的隶属度矩阵为:

$$R = \begin{bmatrix} R_1 \\ R_2 \\ \cdots \\ R_m \end{bmatrix} = \begin{bmatrix} r_{11} & r_{12} & \cdots & r_{1n} \\ r_{21} & r_{22} & \cdots & r_{2n} \\ \cdots & \cdots & \cdots & \cdots \\ r_{m1} & r_{m2} & \cdots & r_{mn} \end{bmatrix} \tag{3-13}$$

4)确定评估指标的权重 W

由于不同指标对目标的重要程度不同,因此,需要对每个指标赋予权重,即 m 个评估指标的权重向量为 $W = [w_1, w_2, \cdots, w_m]$。

5)选择合成算法,进行综合评价

模糊综合评判结果 B 是评价等级 V 上的一个模糊子集,应用模糊变换的合成运算公式为:

$$B = W \cdot R = [w_1, w_2, \cdots, w_m] \cdot \begin{bmatrix} r_{11} & r_{12} & \cdots & r_{1n} \\ r_{21} & r_{22} & \cdots & r_{2n} \\ \cdots & \cdots & \cdots & \cdots \\ r_{m1} & r_{m2} & \cdots & r_{mn} \end{bmatrix} = [b_1, b_2, \cdots, b_n]$$

$$\tag{3-14}$$

其中,"·"代表合成算子。

(2)多级模糊综合评价模型的基本步骤：

1)对评估体系的指标集 U 按指标属性划分成 m 个指标子集，它们必须满足以下条件：

$$\begin{cases} \sum_{i=1}^{m} U_i = U \\ U_i \bigcap U_j = \varnothing \end{cases} \tag{3-15}$$

因此，第二级评价指标集为：

$$U = \{U_1, U_2, \cdots, U_n\} \tag{3-16}$$

其中：$U_i = \{u_{ik}\}(i = 1, 2, \cdots, m; k = 1, 2, \cdots, n)$ 表示指标子集 U_i 含有 n 个评估指标。

2)对每个指标子集 U_i 按一级模糊综合评估模型进行综合评价，设指标子集 U_i 中每个指标的权重为 R_i，指标子集 U_i 的模糊综合评价结果为 B_i，则得到第 i 个指标子集 U_i 的评级结果为：

$$B_i = W_i \cdot R_i = [b_{i1}, b_{i2}, \cdots, b_{in}](i = 1, 2, \cdots, m) \tag{3-17}$$

3)对评估指标体系的 m 个评估指标子集 $U_i(i = 1, 2, \cdots, m)$，进行综合评价得到隶属度矩阵 $\widetilde{R}$ 为：

$$\widetilde{R} = \begin{bmatrix} B_1 \\ B_2 \\ \cdots \\ B_m \end{bmatrix} = \begin{bmatrix} b_{11} & b_{12} & \cdots & b_{1n} \\ b_{21} & b_{22} & \cdots & b_{2n} \\ \cdots & \cdots & \cdots & \cdots \\ b_{m1} & b_{m2} & \cdots & b_{mn} \end{bmatrix} \tag{3-18}$$

4)计算得出 m 个评估指标子集 U_i 的权重为 $\widetilde{W}$，因此，二级模糊综合评判结果为：

$$B = \widetilde{W} \cdot \widetilde{R} = [b_1, b_2, \cdots, b_n] \tag{3-19}$$

综上所述，多级模糊综合评判模型是二级模糊综合评判过程的延伸，根据具体指标体系的层次数目进行多次循环。

(3)建立多级模糊综合评价模型的基本步骤：

当评估系统相当复杂时，需要考虑的因素往往比较多，对于这类问题，可以把因素按特点分成几层，先对最低层指标进行综合评判，再对评判结果进行高层次的综合评判。具体步骤是：

1)首先对三级指标 u_{3i} 的隶属度矩阵 R_{3i} 做模糊评估运算，得到二级指标 u_{2i} 对评估等级的隶属度向量 B_{2i}，即

$$B_{2i} = [w_{3i1}, w_{3i2}, \cdots, w_{3im}] \cdot \begin{bmatrix} r_{3i11} & r_{3i12} & \cdots & r_{3i15} \\ r_{3i21} & r_{3i12} & \cdots & r_{3i25} \\ \cdots & \cdots & \cdots & \cdots \\ r_{3im1} & r_{3im2} & \cdots & r_{3im5} \end{bmatrix} = [b_{2i1}, b_{2i2}, b_{2i3}, b_{2i4}, b_{2i5}]$$

$$\tag{3-20}$$

综上所述,隶属度向量 B_{2i} 即为第三层综合评估的结果。

2)通过对第三层指标的综合评估计算,得到的隶属度矩阵:

$$R_{2i} = \begin{bmatrix} B_{21} \\ B_{22} \\ \cdots \\ B_{2n} \end{bmatrix} \cdot \begin{bmatrix} b_{211} & b_{212} & \cdots & b_{215} \\ b_{221} & b_{222} & \cdots & b_{225} \\ \cdots & \cdots & \cdots & \cdots \\ b_{2n1} & b_{2n2} & \cdots & b_{2n5} \end{bmatrix} \tag{3-21}$$

按照模糊综合评判模型对 R_{2i} 再次进行模糊综合计算,得到一级指标 U 与评估等级的隶属度向量 B_i,即

$$B_i = [w_{2i1}, w_{2i2}, \cdots, w_{2im}] \cdot \begin{bmatrix} r_{2i11} & r_{2i12} & \cdots & r_{2i15} \\ r_{2i21} & r_{2i12} & \cdots & r_{2i25} \\ \cdots & \cdots & \cdots & \cdots \\ r_{2im1} & r_{2im2} & \cdots & r_{2im5} \end{bmatrix} = [b_{i1}, b_{i2}, b_{i3}, b_{i4}, b_{i5}] \tag{3-22}$$

综上所述,隶属度向量 B_i 即为第二层综合评估的结果。

(3)通过对第二层指标的综合评估计算,得到的隶属度矩阵:

$$R = \begin{bmatrix} B_1 \\ B_2 \\ B_3 \end{bmatrix} \cdot \begin{bmatrix} b_{11} & b_{12} & \cdots & b_{15} \\ b_{21} & b_{22} & \cdots & b_{25} \\ b_{31} & b_{32} & \cdots & b_{35} \end{bmatrix} \tag{3-23}$$

按照模糊综合评判模型对 R_i 再次进行模糊综合计算,得到目标指标即区域雷电灾害风险与评估等级的隶属度向量 B_i,即:

$$B = W \cdot R = [w_1, w_2, w_3] \cdot \begin{bmatrix} b_{11} & b_{12} & \cdots & b_{15} \\ b_{21} & b_{22} & \cdots & b_{25} \\ b_{31} & b_{32} & \cdots & b_{35} \end{bmatrix} = [b_1, b_2, b_3, b_4, b_5] \tag{3-24}$$

(4)综合评价

$B = [b_1, b_2, b_3, b_4, b_5]$ 中 b_1, b_2, b_3, b_4, b_5 的分别表示目标与评估等级 Ⅰ、Ⅱ、Ⅲ、Ⅳ、Ⅴ 五个等级的隶属度。实际中最常用的方法是最大隶属度原则确定风险等级,但在某些情况下难免牵强,损失信息很多,因此,得出不合理的风险等级结果,本节提出使用加权平均求风险等级的方法。为了便于计算,本模型将评估目标的 Ⅰ、Ⅱ、Ⅲ、Ⅳ、Ⅴ 五个等级语义学标度进行量化,并依次赋值为 2、4、6、8 及 10,则综合评价评分如公式(3-25)所示。

$$g = b_1 + 3b_2 + 5b_3 + 7b_4 + 9b_5 \tag{3-25}$$

第4章 建(构)筑物雷电灾害区域影响评估模型的指标参数分析

4.1 评估指标的参数分析

根据指标性质和其隶属度计算方法的不同,我们将评估指标参数分为两大类:数值型的定量指标与文字型的定性指标。定量指标与定性指标的区别是:定量指标一般是指可以量化的指标,比如数量或者等级,而原则上讲,不能以数字衡量的指标就可以看作是定性指标。

根据建(构)筑物雷电灾害区域影响评估指标体系的特点和定义,本书中定量评估指标分别是:雷暴日、雷击密度、雷电流强度、土壤电阻率、土壤垂直分层、土壤水平分层、电磁环境、人员数量、占地面积、等效高度;定性评估指标分别是:雷暴路径、地形地貌、安全距离、相对高度、使用性质、影响程度、材料结构、电子系统、电气系统、防雷工程、防雷检测、防雷设施维护与雷击事故应急等。关于定量与定性两种性质的指标参数的处理方法,本章将详细描述参数的采集和分析过程。

4.1.1 定量指标参数获取方法

(1)雷暴日

雷暴日这个指标参数是通过查询省气象站提供的多年人工雷暴数据资料中一个城市多年平均雷暴日获得,根据全国气象站提供的雷暴数据资料,雷暴日参数仅能精确到以县级为单位。例如,查询到长沙县的平均雷暴日数为 46.6 天/年,则雷暴日参数为 46.6。

考虑到城市建设步伐的加快,雷暴观测条件的变化等因素。雷暴观测资料应取近 30 年的地面站人工观测数据进行整理分析,当项目所处位置距某观测站不超过 10 km 时,可直接使用该观测站数据作为年雷暴日的基础数据进一步分析,但当项目所处位置距离观测站超过 10 km 时,应将项目周边至少三个站点的观测数据进行插值处理,从而获取到更为精确的雷暴日数。

(2)雷击密度

雷击密度是指一年内单位面积上空发生各类闪电的次数,单位为次/(km² · a),其参数通过查询当地闪电定位系统监测数据获得。例如,以某工程区域为中心,向外扩展半径为 5 km 的区域范围得到年平均落雷次数为 a 次,则此区域范围的年平均雷击密度计算如公式(4-1)所示。

$$N_r = \frac{a}{\pi * 25} = 0.0127a \ [次/(km^2 \cdot a)] \tag{4-1}$$

则雷击密度参数为 $0.0127a$ 次/(km² · a)。

若当地气象台、站无法提供闪电定位系统资料,则雷击密度指标参数值计算公式以 GB 50057《建筑物防雷设计规范》中建筑物所处地区雷击大地的年平均密度 N_g 的计算方法为准,如公式(4-2)所示。

$$N_g = 0.1 \times T_d = 0.1 \times 46.6 = 4.66 \ [次/(km^2 \cdot a)] \tag{4-2}$$

其中 T_d 为年平均雷暴日,则雷击密度参数为 4.66。

雷电资料的基础数据选取应以经过标定的全国雷电定位监测网探测到的数据为准。考虑到目前探测网的闪电定位原理,应该剔除单站定位数据资料,选取稳定可靠的,至少近四年的整年资料作为基础分析数据,考虑到雷电的随机性和引雷空间等原因,当评估对象占地面积不超过 5 万 m² 时,可取项目中心位置为原点,5 km 为半径提取圆形范围内的闪电资料,当评估对象超过 5 万 m² 时,要以项目红线向周边扩展 5 km 提取闪电资料,从而进一步计算年雷击密度。

(3)雷电流强度

雷电流强度是指雷电回击通道内流过的电流幅值,其参数来自全国雷电监测网探测数据。例如,以某工程区域为中心,向外扩展半径为 5 km 的区域范围得到所有正负闪雷电流幅值。

雷电流强度的数据选取应参考雷击密度的选取规则。

(4)土壤电阻率

土壤电阻率应以拟建场地现场实测为准,其测量方法要求在被评估工程区域的大致几何中心,建立评估区域的土壤电阻率玫瑰图,如图 4-1 所示,其测量点可适当延伸到评估区域边界之外,但不宜超过 100 m。各方向土壤电阻率为多次测量平均值,评估区域土壤电阻率为全部测量样本均值。

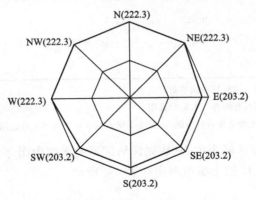

图 4-1 土壤电阻率玫瑰图示例

现场测量电阻率的方法主要为四电极法,为了更加全面地反映项目区域内土壤成分的相对一致性,应根据项目地质勘测报告选择足够数量的试验区。一般情况下,可将评估项目范围划分成相同尺度的网格(网格不大于 500 m × 500 m),并在各个网格内选取至少一个采集点。

在评估区域内选择测试点时,应考虑到土壤垂直分层可能存在的差异,因而在评估区域内 8 个方向(正东、东南、正南、西南、正西、西北、正北、东北)上各应至少选择一点。

在测量单个测试点时,应改变不同的电极间距(1~10 m)分别进行测量,并将所有的测量原始数据进行记录,以便对其进行处理,从而得出单个测试点的土壤电阻率值和土壤水平分层分布情况。单个测试点土壤电阻率值的计算方法:通过改变电极间距 a 值(1~10 m)可测量得到 10 个相应的 ρ_a(电极间距为 a 时的视电阻率)值,对各 ρ_a 值进行季节系数修正后,取所有 ρ_a 值的算术平均数记为该测试点的土壤电阻率值。

一次测量所得到的值,只能代表某一方向上某一深度范围内的土壤电阻率。由于季节、土质、天气等因素对测量数值有一定影响,所以该数据还应考虑季节系数 Ψ。

表 4-1　根据土壤性质决定的季节修正系数表

土壤性质	深度/m	Ψ_1	Ψ_2	Ψ_3
黏土	0.5~0.8	3	2	1.5
黏土	0.8~3	2	1.5	1.4
陶土	0~2	2.4	1.36	1.2
沙砾盖以陶土	0~2	1.8	1.2	1.1
园地	0~3	/	1.32	1.2
黄沙	0~2	2.4	1.56	1.2
杂以黄沙的沙砾	0~2	1.5	1.3	1.2
泥炭	0~2	1.4	1.1	1.0
石灰石	0~2	2.5	1.51	1.2

注:Ψ_1——在测量前数天下过较长时间的雨时选用。

　　Ψ_2——在测量时土壤具有中等含水量时选用。

　　Ψ_3——在测量时,可能为全年最高电阻,即土壤干燥或测量前降雨不大时选用。

例如,以某工程区域为中心,建立评估区域的土壤电阻率玫瑰图后的测量点 A、B、C、D、E、F、G、H 的土壤电阻率如表 4-2 所示。

表 4-2 测试点土壤电阻率

测量点	土壤电阻率 ρ	测量点	土壤电阻率 ρ	测量点	土壤电阻率 ρ	测量点	土壤电阻率 ρ
A	415 Ω·m	C	510 Ω·m	E	619 Ω·m	G	932 Ω·m
B	680 Ω·m	D	720 Ω·m	F	860 Ω·m	H	618 Ω·m

上述表的土壤电阻率平均值计算如公式(4-3)所示。

$$\rho = \frac{415 + 680 + 510 + 720 + 619 + 860 + 932 + 618}{6} = 892 (\Omega \cdot m)$$

$$(4-3)$$

则土壤电阻率参数为 892。

土壤垂直分层是指被评估项目区域的大地电阻率在不同方向上的最大差值,其参数通过对土壤电阻率玫瑰图的分析和处理来获取。例如,根据表 4-2 中所有测试点的土壤电阻率,此被评估项目的土壤垂直分层计算如公式(4-4)所示。

$$\Delta\rho = 932 - 415 = 517(\Omega \cdot m) \tag{4-4}$$

则土壤垂直分层参数为 517。

土壤水平分层是指被评估项目区域的大地电阻率在垂直方向上的最大差值,是反映土壤电阻率随着土壤深度增加而变化特性的指标。其测量方法为通过四点法测量土壤电阻率,得出深度直到电极间距 a 的视在土壤电阻率,绘制各电极间距与测得的视在土壤电阻率的关系曲线。采用兰开斯特—琼斯法判断土壤水平分层,在曲线出现曲率转折点时,即是下一层土壤,其深度为所对应电极间距的 2/3 处。由曲线得出各层的土壤电阻率,土壤电阻率最大的层的值用 ρ_{max} 表示、土壤电阻率最小的层的值 ρ_{min} 表示,则 $\Delta\rho = \rho_{max} - \rho_{min}$。例如,某被评估项目的 $\rho_{max} = 890 \ \Omega \cdot m$,$\rho_{min} = 640 \ \Omega \cdot m$,则土壤水平分层计算如公式(4-5)所示。

$$\Delta\rho = 890 - 640 = 250(\Omega \cdot m) \tag{4-5}$$

则土壤水平分层参数为 250。

(5)电磁环境

本部分主要考虑承灾体所处的电磁环境,一般情况下考虑被评估区域外 1 km 范围内某一个建(构)筑物遭受到雷击后,由于雷电流具有极大幅值和陡度,在它周围的空间将会产生强大的、变化的磁场,而处在这磁场中的导体会感应出较大的电动势,对微电子设备产生干扰与破坏。在对被评估工程进行现场勘察,采集电磁环境相关数据时,需记录项目评估区域周边 1 km 范围内的可能接闪点、方位及其与评估区域内最近建(构)筑物的距离 S_a。例如,距离某被评估项目区域约 $S_a = 20$ m 处,有一超高层建筑物,则其由于雷击其遭受100 kA 的雷电流后,对该评估区域产生的电磁感应强度的大小为:

$$B_0 = \frac{\mu_0 i}{2\pi S_a}(T) = \frac{\mu_0 i}{2\pi S_a} \times 10^4 = \frac{4\pi \times 10^{-7} \times 10^4 i}{2\pi S_a}$$
$$= \frac{2 \times 10^{-3} \times 100}{0.02} = 10(Gs) \tag{4-6}$$

其中 i 为雷电流强度,单位:kA,S_a 为距离,单位:km。

考虑项目的功能属性,在对电磁环境要求较高,需要计算雷电直击的情况下,要考虑格栅型屏蔽中每一根金属杆及格栅型屏蔽内所有其他金属杆,以及模拟雷电通道的磁场耦合。在进行实际计算时,要考虑到评估对象的典型网格宽度、结构钢筋规格等具体数据,该数据的选取应通过查找项目初步设计资料。

(6)人员数量

本评估体系中的人员数量这个指标考虑的是评估工程区域内的定额人员数量,其数量的多少与雷击后可能造成的人员伤亡程度有关。例如,某一个工厂研发部、生产部、管理部、品质部、市场部、销售部和财务部等所有部门等总人口数量为 1000 人。

人员数量的数据选取通过查找项目初步设计资料,在实际操作时,人员数量有可能查不到,这种情况下,可以通过与建设单位或设计单位进一步沟通,如果还不能得到准确人数,可通过建筑套数按每户 3.5 人计算。

(7)占地面积

通常情况下,承灾体的占地面积与地网设计、年预计雷击次数呈现正相关,占地面积是指区域内项目所有建筑物基底面积与所有构筑物的占地轮廓之和,其参数可通过项目的可行性研究报告书中相关部分查询得出。例如,据某工程项目的可行性研究报告书,该工程项目建筑占地面积为 6820 m²。

占地面积的数据可以通过建设单位提供的总平面设计图获取。

(8)等效高度

等效高度是指建(构)筑物的物理高度外加顶部具有影响接闪的设施高度,其参数主要由两部分组成:建(构)筑物物理高度(H_1),顶部设施高度(H_2),它反映了相对越高的建(构)筑物,遭受雷击的概率越大的规律。具体可参考本书第 4 章中等效高度指标参量的计算方法。其参数可通过项目的可行性研究报告书中相关部分计算得出。例如,某一个工程项目内 A 栋楼建筑物总高为 92 m,B 栋楼建筑物总高为 129 m,且顶部无排放爆炸危险气体、蒸气或粉尘的放散管、呼吸阀、排风管等设施,该被评估项目的等效高度为 129 m。若顶部有排放爆炸危险气体、蒸气或粉尘的放散管、呼吸阀、排风管等任何设施,则在原高度之上加顶部设施高度 H_2,H_2 取值具体见表 4-3 所示。H_2 取值又分有无管帽两种情况。

1)有管帽的 H_2 参照表 4-3 确定。

表 4-3　H_2 值

装置内外气压差（kPa）	排放物对比空气	H_2（m）
<5	重于空气	1
5～25	重于空气	2.5
≤25	轻于空气	2.5
>25	重于或轻于空气	5

2）无管帽时 $H_2 = 5$ m。

4.1.2　定性指标参数获取方法

（1）雷暴路径

雷暴路径与雷暴日获取的方式一致，需依靠多年人工雷暴观测数据，进行统计分析后，判定雷暴主导移动方向与次移动方向。例如，据统计，长沙 1980—2010 年雷暴开始时各方向的出现频数如表 4-4 所示。

表 4-4　雷暴开始时各方向出现频数（长沙 1980—2010 年）

月份\方向	N	NE	E	SE	S	SW	W	NW
1 月	4.6%	13.6%	4.6%	31.8%	13.6%	22.7%	9.1%	0.0%
2 月	7.6%	10.6%	1.5%	10.6%	4.6%	13.6%	10.6%	40.9%
3 月	4.7%	4.3%	3.5%	6.2%	15.2%	20.6%	17.9%	27.6%
4 月	3.6%	5.4%	3.9%	8.9%	9.2%	20.8%	22.3%	25.9%
5 月	8.2%	6.6%	9.3%	13.1%	13.1%	18.0%	22.4%
6 月	9.2%	10.1%	6.3%	10.6%	11.1%	14.5%	15.0%	23.2%
7 月	11.5%	15.7%	8.3%	9.5%	10.7%	14.5%	15.1%	14.8%
8 月	8.8%	11.5%	12.4%	16.8%	14.1%	12.4%	10.6%	13.5%
9 月	11.0%	13.4%	6.1%	12.2%	6.1%	28.1%	11.0%
10 月	0.0%	0.0%	0.0%	0.0%	0.0%	50.0%	25.0%	25.0%
11 月	5.3%	15.8%	0.0%	10.5%	5.3%	31.6%	15.8%	15.8%
12 月	64.5%	0.0%	0.0%	0.0%	3.2%	32.3%	0.0%	0.0%
全年	7.9%	9.8%	6.7%	10.7%	11.4%	16.2%	16.5%	20.8%

根据表 4-4 的统计，雷暴方向玫瑰图如本书中图 2-3 所示。

根据本书中第四章雷暴路径的指标参量等级划分标准，最大 3 个移动方向百分比之和为 53.5%，即大于 50%，则可以得出雷暴路径符合雷暴路径等级划分中的Ⅲ级描述。

（2）地形地貌

现场勘察应全面调查和了解评估对象的基本情况。调查了解评估对象周围的地形地貌、交通情况及既有建筑情况。根据工程项目所处位置的地形地貌情况，确定项目处在平原、丘陵、山地、河流湖泊以及洼地潮湿地区山间风口、孤立或突出区域中的哪一类地形，同时查看项目方提供的数据资料，核实项目的地形地貌特征，并如实记录。

（3）安全距离

安全距离需要通过实地勘查和工程规划图，根据工程项目区域外1 km 范围内是否存在危化危爆场所确定，如果有，如实记录该危化危爆场所与该工程项目的距离是多少，是 100 m 内、300 m 内、500 m 内还是 1000 m 内，然后考察该危化危爆场所的性质、规模；如无此类危化危爆场所，则如实记录为无即可。

（4）相对高度

相对高度需要通过实地勘查，根据工程项目区域外1 km 范围内是否存在其他可能接闪点确定，并如实记录该可能接闪点名称、与工程项目的相对高度、距离等信息；如无可能接闪点，则如实记录为无即可。

（5）使用性质

使用性质需要根据工程项目申请书、可行性研究报告等资料，确定工程项目的规模、重要程度以及功能用途等信息。

（6）影响程度

影响程度需要根据工程项目申请书、可行性研究报告等资料，确定工程项目区域内是否存在危化危爆场所，如果存在，则需要继续确定该危化危爆场所的性质、规模等信息，确定区域内项目一旦遭受雷击，其所产生的爆炸及火灾危险对周边环境的影响程度；如无此类危化危爆场所，则如实记录为无即可。

（7）材料结构

材料结构需要通过项目初步设计资料、项目申请报告、可行性研究报告等资料，确定工程项目的建(构)筑材料类型，是木结构、砖木结构、砖混结构、钢筋混凝土结构还是钢结构等，以及项目的外墙设计、楼顶设计等可能被雷电直接击中的结构的设计资料。

（8）电子系统

电子系统需要通过项目申请报告、可行性研究报告等资料，确定工程项目内电子系统规模、重要性及发生雷击事故后产生的影响。

（9）电气系统

电气系统也叫低压配电系统或低压配电线路，需要通过项目申请报告、可行性研究报告等资料，查看电力系统的电力负荷等级、室外低压配电线路敷设方式

(电缆埋地、裸导线架空、绝缘导线架空或绝缘导线穿金属管埋地)。

(10)防雷工程

防雷工程应为评估对象原防雷设计防护水平,通过评估对象防雷设计书来进行确认。

(11)防雷检测

防雷检测应以具有国家承认的检测资质单位的检测结果为准。

(12)防雷设施维护

防雷设施的日常检查维护应当指定熟悉雷电防护技术的专门人员负责。

(13)雷击事故应急

要结合评估对象具有雷击事故应急预案的情况进行评估。

4.2　评估指标参数的预处理

本书中需要对评估指标体系中所有最底层指标参数进行预处理,这里的预处理即对获取的参数进行计算得出该指标的隶属度。

在模糊数学中,隶属度定量说明事物所具有模糊概念的程度,是随条件的变化而变化的。当用函数来表示隶属度的变换规律时,就称之为隶属函数。采用隶属函数,是为了消除各等级之间数值相差不大,但评价等级却相差一级的跳跃现象,而使用隶属函数在各等级之间平滑过渡,将其进行模糊处理,跳跃比较小,精度比较高,符合人们思维的连续性和渐变性,能恰如其分地反映实际,是处理综合评估中模糊事件的关键所在。

指标可分为定性指标和定量指标。指标与评价等级之间存在的一定隶属程度即为隶属度,如百分之百的隶属关系记为隶属度 $r_i = 1$,百分之百的不存在隶属关系则记为隶属度 $r_i = 0$,隶属度的取值区间为 $[0,1]$。若把某一个指标的实际值看成是其中某个区间上的普通点,则会造成落在区间两边缘附近的点其数值与该点相差不大,而却相差一个等级的不合理现象。

在实际评估过程中,通常要根据勘察数据的特点来确定如何计算指标量的隶属度。对于任何一个勘察到的数值,隶属函数都可以计算出它属于每个评判等级的概率,这就使得每个数值不是固定地完全属于某一个评判等级,而是以不同的程度隶属于某个评判等级,这种做法虽然比较麻烦,但是计算结果更为客观和精确。

为了使指标有一个统一的衡量标准,采用构造隶属函数的方式来确定隶属度。由于认识事物的局限性,只能建立一个近似的隶属函数,这里选取升、降半梯形和三角形的分布函数来确定各等级的隶属度。

4.2.1 定量指标参数的隶属度计算

定量指标即可量化指标参量,可量化指标参量包含两种:极小型指标参量和极大型指标参量。极小型指标参量的特点是指标参数越小,风险等级越低,指标参数越大,风险等级越高;极大型指标参量的特点是指标参数越小,风险等级越高,指标参数越大,风险等级越低。例如,本书中评估体系中的极小型指标参量有雷暴日、雷击密度、雷电流强度、土壤垂直分层、土壤水平分层、电磁环境、人员数量、占地面积、等效高度;极大型指标参量有土壤电阻率。

指标参数的隶属度计算方法和公式将在本章节内容中详细阐述,此处给出相关例子的计算处理过程。

在指标参量的隶属度计算之前,需要确定该指标参量的参数。对于极小型指标参量,本书中以雷暴日为例。例如,雷暴日参数为46.6,结合雷暴日的五个等级划分如表4-5所示。

表4-5 雷暴日分级标准

风险等级	Ⅰ级	Ⅱ级	Ⅲ级	Ⅳ级	Ⅴ级
雷暴日(d/a)	$[0,20)$	$[20,40)$	$[40,60)$	$[60,90)$	$[90,\infty)$

根据极小型指标参量的隶属函数和表4-5雷暴日等级划分标准,令 v_1,v_2,v_3,v_4,v_5 分别为 $10,30,50,75,100$(取等级范围中间值)。因此,根据极小型指标参量的隶属函数处理方法计算如公式(4-7)和公式(4-8)所示。

$$\mu_{v_2}(v_2) = \frac{50 - 46.6}{50 - 30} = 0.17 \tag{4-7}$$

$$\mu_{v_3}(v_3) = \frac{46.6 - 30}{50 - 30} = 0.83 \tag{4-8}$$

因此,可以得出该例雷暴日的隶属度如表4-6所示。

表4-6 雷暴日隶属度

风险等级	Ⅰ级	Ⅱ级	Ⅲ级	Ⅳ级	Ⅴ级
雷暴日	0	0.17	0.83	0	0

对于极大型指标参量,本书中以土壤电阻率为例。例如,土壤电阻率参数为892 Ω·m,且土壤电阻率的五个等级划分如表4-7所示。

表4-7 土壤电阻率分级标准

风险等级	Ⅰ级	Ⅱ级	Ⅲ级	Ⅳ级	Ⅴ级
土壤电阻率(Ω·m)	$[3000,\infty)$	$[1000,3000)$	$[300,1000)$	$[100,300)$	$[0,100)$

根据极大型指标参量的隶属函数和表 4-7 土壤电阻率等级划分标准,令 v_1, v_2, v_3, v_4, v_5 分别为 4000,2000,650,200,50(取等级范围中间值)。因此,根据极大型隶属函数处理方法计算如公式(4-9)和公式(4-10)所示。

$$\mu_{v_2}(v_2) = \frac{892 - 650}{2000 - 650} = 0.18 \tag{4-9}$$

$$\mu_{v_3}(v_3) = \frac{2000 - 892}{2000 - 650} = 0.82 \tag{4-10}$$

因此,可以得出土壤电阻率的隶属度如表 4-8 所示。

表 4-8 土壤电阻率隶属度

风险等级	Ⅰ级	Ⅱ级	Ⅲ级	Ⅳ级	Ⅴ级
土壤电阻率	0	0.18	0.82	0	0

4.2.2 定性指标参数的隶属度计算

定性指标的隶属度确定方法与定量指标的隶属度确定方法有所不同,定性指标不需要通过公式计算,只需要把搜集到的数据与分级标准对比,符合某一个风险等级的描述,则完全隶属于该风险等级,即隶属度 $r_j = 1$。

例如,根据被评估项目历史资料及现场勘测,该项目所在区域的地形地貌为丘陵,参考地形地貌的风险等级划分(详见第 5 章),则地形地貌完全隶属于 Ⅱ级,即 $r_2 = 1$,具体见表 4-9。

表 4-9 地形地貌隶属度

风险等级	Ⅰ级	Ⅱ级	Ⅲ级	Ⅳ级	Ⅴ级
地形地貌	0	1	0	0	0

对定性指标的确定再举一个例子,根据项目申请报告,某一个工程项目高达 350 m,为超高层建筑物,高度高于周围的建筑物,参考相对高度的风险等级划分,判断相对高度完全隶属于第 Ⅳ级,具体见表 4-10。

表 4-10 相对高度隶属度

风险等级	Ⅰ级	Ⅱ级	Ⅲ级	Ⅳ级	Ⅴ级
相对高度	0	0	0	1	0

第5章 建(构)筑物雷电灾害区域影响 评估体系风险等级划分

指标分级标准是确定指标隶属度的基准,它是该指标可能的评估结果的集合,定量与定性指标分级标准分别采用数值范围与文字描述的形式来体现每一个级别的评估结果。

在确定最低层评估指标的分级标准时,主要依据《建筑物防雷设计规范》《建筑物电子信息系统防雷技术规范》《接地系统的土壤电阻率、接地阻抗和地表电位测量导则》《汽车加油加气站设计与施工规范》以及《供配电系统设计规范》等相关规范中因子的风险等级的划分方法,并参考业内相关专家和评估人员的工作经验,在不同类型的项目中进行实践与修正,最终等到相关工作人员的认可。

在实际研究应用中,对评估指标制定分级标准时,考虑到三级评语集表述比较粗糙,而七级或九级评语集比较烦琐,根据可行性原则,本章中各指标的评估结果由Ⅰ、Ⅱ、Ⅲ、Ⅳ、Ⅴ五个等级构成,即指标分级标准 $V = \{V_1, V_2, V_3, V_4, V_5\}$。

通常评估等级级别越高表明该指标对区域雷电风险评估的影响越大。如最简单的指标分级标准表述为:

$$V = \{V_1, V_2, V_3, V_4, V_5\} = \{很好,好,一般,差,很差\}。$$

5.1 目标风险等级划分

基于对建(构)筑物雷电灾害区域影响评估的理解和认识,模糊综合评判结果的五个等级描述如表 5-1 所示。

表 5-1 区域雷电灾害风险评估分级标准

风险等级	说 明
	综合评价用 g 表示,g 值越小代表区域内项目雷击致灾风险越低,g 值越大代表区域内项目雷击致灾风险越高,g 值区间[0,10]。
Ⅰ级	综合评价 $0 \leqslant g < 2$,低风险
Ⅱ级	综合评价 $2 \leqslant g < 4$,较低风险

续表

	说　明
风险等级	综合评价用 g 表示，g 值越小代表区域内项目雷击致灾风险越低，g 值越大代表区域内项目雷击致灾风险越高，g 值区间[0,10]。
Ⅲ级	综合评价 $4 \leqslant g < 6$，中等风险
Ⅳ级	综合评价 $6 \leqslant g < 8$，较高风险
Ⅴ级	综合评价 $8 \leqslant g \leqslant 10$，高风险

综合评价（g 值）及对应风险

| | | | | | |
| 0 | 2 | 4 | 6 | 8 | 10 |

低　　　　　中　　　　　高

设最终计算得到Ⅰ级、Ⅱ级、Ⅲ级、Ⅳ级、Ⅴ级的隶属度为 r_1、r_2、r_3、r_4、r_5，则综合评价 $g = r_1 + 3r_2 + 5r_3 + 7r_4 + 9r_5$。

5.2　雷电风险的等级划分

（1）雷暴日

雷暴日风险等级的划分结合了 GB 50343《建筑物电子信息系统防雷技术规范》中"地区雷暴日等级划分的少雷区、多雷区、高雷区、强雷区分别为年平均雷暴日在 20 天及以下的地区、年平均雷暴日大于 20 天但不超过 40 天的地区、年平均雷暴日大于 40 天但不超过 60 天的地区、年平均雷暴日超过 60 天以上的地区"等内容，雷暴日风险等级的Ⅰ级、Ⅱ级、Ⅲ级、Ⅳ级、Ⅴ级间的临界值分别取 20 天、40 天、60 天、90 天。因此，雷暴日五个等级划分如表 5-2 所示。

表 5-2　雷暴日分级标准

风险等级	Ⅰ级	Ⅱ级	Ⅲ级	Ⅳ级	Ⅴ级
雷暴日（d/a）	[0,20)	[20,40)	[40,60)	[60,90)	[90,∞)

（2）雷暴路径

雷暴路径等级的划分原则是雷暴路径越集中、锐度越大，则风险等级高，Ⅴ级的雷暴路径仅为 1 个方向，Ⅳ级的雷暴路径可以为 1 个或 2 个方向，Ⅲ级、Ⅱ级、Ⅰ级的雷暴路径可依次从 2 个方向过渡到 3 个方向，因此，雷暴路径 5 个等级依次为：

Ⅰ级　雷暴最大 3 个移动方向百分比之和小于 40%。

Ⅱ级 雷暴最大 3 个移动方向百分比之和大于 40%,小于 50%。

Ⅲ级 雷暴最大 2 个移动方向百分比之和大于 40%,小于 45%;或者最大 3 个移动方向百分比之和大于 50%。

Ⅳ级 雷暴路径主方向的百分比大于 30%,小于 35%;或者最大 2 个移动方向百分比之和大于 45%。

Ⅴ级 雷暴路径主方向的百分比大于 35%。

(3)雷击密度

雷击密度风险等级的划分依据是 2007—2010 年湖南省闪电密度分布,其年平均闪电密度分布区间为:(0,4)[单位为:次/(km² • a)],如图 5-1 所示。湖南省雷电致灾因子分析,单位面积雷电灾害损失与当地落雷密度呈正相关,相关系数为 0.5769。因此,可以将区间(0,4)线性划分为 5 级,Ⅰ级、Ⅱ级、Ⅲ级、Ⅳ级、Ⅴ级间的临界值分别取:1 次/(km² • a)、2 次/(km² • a)、3 次/(km² • a)、4 次/(km² • a)。

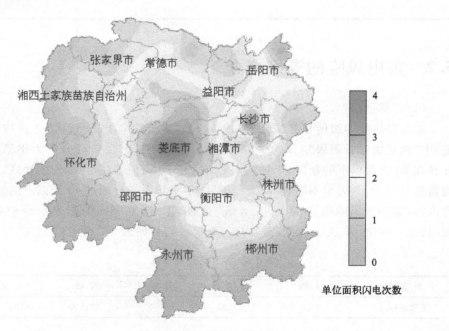

图 5-1 2007—2010 年湖南省闪电密度分布图

因此,雷击密度五个等级划分如表 5-3 所示。

表 5-3 雷击密度分级标准

风险等级	Ⅰ级	Ⅱ级	Ⅲ级	Ⅳ级	Ⅴ级
雷击密度[次/(km² • a)]	[0,1)	[1,2)	[2,3)	[3,4)	[4,∞)

（4）雷电流强度

雷电流强度风险等级的划分依据是 GB 50343《建筑物电子信息系统防雷技术规范》中"电源线路的浪涌保护器的冲击电流参数推荐值与雷电防护的对应关系"的内容，选取其中 D 级、C 级、B 级、A 级具有 8/20μs 波形的电流峰值电流为 Ⅰ 级、Ⅱ 级、Ⅲ 级、Ⅳ 级、Ⅴ 级间的临界值，雷电流风险等级的分别为 10 kA、20 kA、40 kA、60 kA。

因此，雷电流强度五个等级划分如表 5-4 所示。

表 5-4　雷电流强度分级标准

风险等级	Ⅰ 级	Ⅱ 级	Ⅲ 级	Ⅳ 级	Ⅴ 级
雷电流强度(kA)	[0,10)	[10,20)	[20,40)	[40,60)	[60,∞)

5.3　地域风险的分级标准

（1）土壤结构

1）土壤电阻率

土壤电阻率风险等级的划分结合了 GB/T 21431《建筑物防雷装置检测技术规范》附录 D（规范性附录）中"表 D.1 地质期和地质构造与土壤电阻率"对所在地土壤电阻率进行估算等内容，以及相关专家知识经验及雷击选择性，即雷击位置经常在土壤电阻率较小的土壤上，而电阻率较大的多岩石土壤被击中的机会很小。因此，选取其中甚高（3000 Ω·m）、高（1000 Ω·m）、中（300 Ω·m）、低（100 Ω·m）值分别作为土壤电阻率的 Ⅰ 级、Ⅱ 级、Ⅲ 级、Ⅳ 级、Ⅴ 级间的临界值。土壤电阻率五个等级划分如表 5-5 所示。

表 5-5　土壤电阻率分级标准

风险等级	Ⅰ 级	Ⅱ 级	Ⅲ 级	Ⅳ 级	Ⅴ 级
土壤电阻率(Ω·m)	[3000,∞)	[1000,3000)	[300,1000)	[100,300)	[0,100)

2）土壤垂直分层

土壤垂直分层风险等级的划分结合了 GB/T 21431《建筑物防雷装置检测技术规范》附录 D（规范性附录）中"表 D.1 地质期和地质构造与土壤电阻率"的对所在地土壤电阻率进行估算等内容，以及相关专家知识经验及雷击选择性，即具有不同电阻率土壤的交界地段为易遭受雷击的地点，交界地段的土壤电阻率变化越明显，则越易遭受雷击。因此，选取其中甚低（30 Ω·m）、低（100 Ω·m）、中（300 Ω·m）、高（1000 Ω·m）的差值分别作为土壤垂直分层的 Ⅰ 级、Ⅱ 级、Ⅲ 级、Ⅳ 级、Ⅴ 级间的临界值。垂直分层五个等级划分如表 5-6 所示。

表 5-6　土壤垂直分层分级标准

风险等级	Ⅰ 级	Ⅱ 级	Ⅲ 级	Ⅳ 级	Ⅴ 级
垂直分层(Ω·m)	[0,30)	[30,100)	[100,300)	[300,1000)	[1000,∞)

3)土壤水平分层

通常土壤有若干层,层与层的土壤电阻率都是不同的。在大多数情况下,测试数据表明,土壤电阻率主要是土壤深度的函数。

土壤水平分层风险等级的划分结合了 GB/T 21431《建筑物防雷装置检测技术规范》附录 D(规范性附录)中"表 D.1 地质期和地质构造与土壤电阻率"对所在地土壤电阻率进行估算等内容,选取其中甚高(3000 Ω·m)、高(1000 Ω·m)、中(300 Ω·m)、低(100 Ω·m)值分别为土壤水平分层的Ⅰ级、Ⅱ级、Ⅲ级、Ⅳ级、Ⅴ级间的临界值。因此,垂直分层五个等级划分如表 5-7 所示。

表 5-7　土壤水平分层分级标准

风险等级	Ⅰ 级	Ⅱ 级	Ⅲ 级	Ⅳ 级	Ⅴ 级
水平分层(Ω·m)	[0,100)	[100,300)	[300,1000)	[1000,3000)	[3000,∞)

(2)地形地貌

地形地貌风险等级的划分是根据 GB 50343《建筑物电子信息系统防雷技术规范》附录 A 中"校正系数 K,在一般情况下取 1;位于旷野孤立的建筑物取 2;金属屋面的砖木结构的建筑物取 1.7;位于河边、湖边、山坡下或山地中土壤电阻率较小处,地下水露头处、土山顶部、山谷风口等处的建筑物,以及特别潮湿地带的建筑物取 1.5"危险变化情况的取值,并结合专家经验知识制定的,具体五个等级依次为:

Ⅰ级　平原

Ⅱ级　丘陵

Ⅲ级　山地

Ⅳ级　河流、湖泊以及低洼潮湿地区、山间风口等

Ⅴ级　旷野孤立或突出区域

(3)周边环境

周边环境考虑的是评估区域外 1 km[依据 GB 18265《危险化学品经营企业开业条件技术要求》中"大型仓库危险化学品仓库应与周围公共建筑物、交通干线(公路、铁路、水路)、工矿企业等距离至少保持 1 km"]范围内的外界因素。

1)安全距离

安全距离风险等级的划分依据是 GB 50057《建筑物防雷设计规范》中"建筑物根据其重要性、使用性质、发生雷电事故的可能性和后果,按防雷要求划分的三类建筑"等具体内容,安全距离指标考虑的对象集中于能够直接或间接危害到评估区域内项目安全的存放危险化学品、烟花爆竹等易燃易爆物的场所,主要选取其中可能因电火花而引起火灾、爆炸的危险场所,因此,安全距离具体五个等级依次为:

Ⅰ级　不符合Ⅱ级、Ⅲ级、Ⅳ级、Ⅴ级的情况者。

Ⅱ级　满足下列条件之一者:

①距离评估区域 1000 m 内具有 0 区或 20 区爆炸危险场所的建筑物。

②距离评估区域 1000 m 内具有 1 区或 21 区爆炸危险场所的建筑物,因电火花而引起爆炸,会造成巨大破坏和人身伤亡者。

③距离评估区域 500 m 内制造、使用或贮存火炸药及其制品的危险建(构)筑物,且电火花不易引起爆炸或不致造成巨大破坏和人身伤亡者。

④距离评估区域 500 m 内具有 2 区或 22 区爆炸危险场所的建(构)筑物。

⑤距离评估区域 500 m 内有爆炸危险的露天钢质封闭气罐。

Ⅲ级　满足下列条件之一者:

①距离评估区域 500 m 内具有 0 区或 20 区爆炸危险场所的建筑物。

②距离评估区域 500 m 内具有 1 区或 21 区爆炸危险场所的建筑物,因电火花而引起爆炸,会造成巨大破坏和人身伤亡者。

③距离评估区域 300 m 内具有 1 区或 21 区爆炸危险场所的建(构)筑物,且电火花不易引起爆炸或不致造成巨大破坏和人身伤亡者。

④距离评估区域 300 m 内具有 2 区或 22 区爆炸危险场所的建(构)筑物。

⑤距离评估区域 300 m 内有爆炸危险的露天钢质封闭气罐。

Ⅳ级　满足下列条件之一者:

①距离评估区域 300 m 内具有 0 区或 20 区爆炸危险场所的建筑物。

②距离评估区域 300 m 内具有 1 区或 21 区爆炸危险场所的建筑物,因电火花而引起爆炸,会造成巨大破坏和人身伤亡者。

③距离评估区域 100 m 内具有 1 区或 21 区爆炸危险场所的建(构)筑物,且电火花不易引起爆炸或不致造成巨大破坏和人身伤亡者。

④距离评估区域 100 m 内具有 2 区或 22 区爆炸危险场所的建(构)筑物。

⑤距离评估区域 100 m 内有爆炸危险的露天钢质封闭气罐。

Ⅴ级　满足下列条件之一者:

①距离评估区域 1000 m 内凡制造、使用或贮存火炸药及其制品的危险建筑物,因电火花而引起爆炸、爆轰,会造成巨大破坏和人身伤亡者。

②距离评估区域 100 m 内具有 0 区或 20 区爆炸危险场所的建筑物。

③距离评估区域 100 m 内具有 1 区或 21 区爆炸危险场所的建筑物,因电火花而引起爆炸,会造成巨大破坏和人身伤亡者。

2)相对高度

相对高度风险等级的划分依据 GB 50343《建筑物电子信息系统防雷技术规范》中"建筑物暴露程度及周围物体的相对位置因子 C_d,被更高的建筑物或树木所包围取 0.25;周围有相同高度的或更矮的建筑物或树木取 0.5;孤立建筑物(附近无其他的建筑物或树木)取 1;小山顶或山丘上的孤立的建筑物取 2"的危险变化情况的取值及专家经验知识,因此,相对高度具体五个等级依次为:

Ⅰ级 评估区域被比区域内项目高的外部建(构)筑物或其他雷击可接闪物所环绕。

Ⅱ级 评估区域外局部方向有高于评估区域内项目的建(构)筑物或其他雷击可接闪物。

Ⅲ级 评估区域外建(构)筑物或其他雷击可接闪物与评估区域内项目高度基本持平。

Ⅳ级 评估区域外建(构)筑物或其他雷击可接闪物低于区域内项目高度。

Ⅴ级 评估区域外无建(构)筑物或其他雷击可接闪物。

3)电磁环境

电磁环境反映雷电电磁辐射对微电子设备的干扰与破坏,其风险等级划分依据 GB/T 21431《建筑物防雷装置检测技术规范》附录 C 中"信息系统电子设备的磁场强度要求:由于雷击电磁脉冲的干扰,对当时的计算机而言,在无屏蔽状态下,当环境磁场强度大于 0.07 Gs 时,计算机会误动作;当环境磁场强度大于 0.75 Gs 时,计算机会发生假性损坏;当环境磁场强度大于 2.4 Gs 时,设备会发生永久性损坏",以及结合 GB/T 2887《电子计算机场地通用规范》中"机房内磁场干扰强度 H_0 不大于 800 A/m(10 Gs 左右)"的要求,因此,电磁环境的Ⅰ级、Ⅱ级、Ⅲ级、Ⅳ级、Ⅴ级间的临界值分别为:0.07 Gs、0.75 Gs、2.4 Gs、10 Gs,电磁环境五个风险等级划分如表 5-8 所示。

表 5-8 电磁环境分级标准

风险等级	Ⅰ 级	Ⅱ 级	Ⅲ 级	Ⅳ 级	Ⅴ 级
电磁环境(Gs)	[0, 0.07)	[0.07, 0.75)	[0.75, 2.4)	[2.4, 10)	[10, ∞)
H_0(A/m)	[0, 5.57)	[5.57, 59.7)	[59.7, 191)	[191, 800)	[800, ∞)

5.4 承灾体风险的分级标准

(1)项目属性

1)使用性质

使用性质风险等级的划分依据 GB 50057《建筑物防雷设计规范》中"建筑物根据其重要性、使用性质、发生雷电事故的可能性和后果的三类建筑物防雷分类"等具体内容,并结合不同行业建(构)筑物对雷击的敏感性、易损性及项目规模来确定。汽车站、火车站、铁路桥梁、公路桥梁的使用性质风险等级根据铁道部文件,并结合不同行业建(构)筑物对雷击的敏感性、易损性及项目规模来确定。使用性质具体五个等级划分如表 5-9 所示(其中 1~3 层为低层;4~6 层为多层;7~9 层为中高层;10 层以上为高层;公共建筑及综合性建筑总高度超过24 m 者为高层(不包括高度超过 24 m 的单层主体建筑);建筑物高度超过 100 m时,不论住宅或公共建筑均为超高层)。

表 5-9 使用性质分级标准

Ⅰ级	Ⅱ级	Ⅲ级	Ⅳ级	Ⅴ级
低层、多层、中高层住宅,高度不大于 24 m 的公共建筑及综合性建筑	高层住宅,高度大于 24 m 的公共建筑及综合性建筑	建筑高度大于 100 m 的民用超高层建筑;智能建筑;其他人员密集的商场、公共场所等		
乡/镇政府、事业单位办公建(构)筑物	县级政府、事业单位办公建(构)筑物	地/市级政府、事业单位办公建(构)筑物	省/部级政府、事业单位办公建(构)筑物	国家级政府、事业单位办公建(构)筑物
小型企业生产区、仓储区	中型企业生产区、仓储区	大型企业生产区、仓储区	特大型企业生产区、仓储区	
	配送中心	物流中心	物流基地	
	小学	中学	大学、科研院所	
	一级医院	二级医院	三级医院	
地/市级及以下级别重点文物保护的建(构)筑物,地/市级及以下级别档案馆;丙级体育馆;小型展览和博览建筑物	省级重点文物保护的建(构)筑物,省级档案馆;乙级体育馆;中型展览和博览建筑物	国家级重点文物保护的建(构)筑物,国家级档案馆;特级、甲级体育馆;大型展览和博览建筑物		
	县级信息(计算)中心	地/市级信息(计算)中心	省级信息(计算)中心	国家级信息(计算)中心

续表

Ⅰ级	Ⅱ级	Ⅲ级	Ⅳ级	Ⅴ级
		小型通信枢纽(中心),移动通信基站	中型通信枢纽(中心)	国家级通信枢纽(中心)
	民用微波站	民用雷达站		
	县级电视台、广播台、网站、报社等的办公及业务建(构)筑物	地/市级电视台、广播台、网站、报社等的办公及业务建(构)筑物	省级电视台、广播台、网站、报社等的办公及业务建(构)筑物	国家级电视台、广播台、网站、报社等的办公及业务建(构)筑物
城区人口20万以下城/镇给水水厂	城区人口20万~50万城市给水水厂	城区人口50万~100万城市给水水厂	城区人口100万~200万城市给水水厂	城区人口200万以上城市给水水厂
	县级及以下电力公司;35 kV及以下等级变(配)电站(所);总装机容量100 MW以下的电厂	地/市级电力公司;110 kV(66 kV)变电站;总装机容量100~250 MW的电厂	大区/省级电力公司;220 kV(330 kV)变电站;总装机容量250~1000 MW的电厂	国家级电网公司;500 kV及以上电压等级变电站、换流站、核电站;总装机容量1000 MW以上的电厂
四级/五级汽车站;四等/五等火车站	三级汽车站;三等火车站;小型港口	二级汽车站;二等火车站;中型港口;支线机场	一级汽车站;一等火车站;大型港口;区域干线机场	特等火车站;特大型港口;枢纽国际机场
三级/四级公路桥梁	二级公路桥梁	一级公路桥梁;三级铁路桥梁。	高速公路桥梁;二级铁路桥梁;城市轨道交通	一级铁路桥梁
		银行支行	银行分行;证券交易公司	银行总行;国家级证券交易所
		二级/三级加油加气站	一级加油加气站;四级/五级石油库;四级/五级石油天然气站场;小型/中型石油化工企业、危险化学品企业、烟花爆竹企业的生产区、仓储区	一级/二级/三级石油库;一级/二级/三级石油天然气站场;大型/特大型石油化工企业、危险化学品企业、烟花爆竹企业的生产区、仓储区
		从事军需、供给等与军事有关行业的科研机构和军工企业	从事火炮、装甲、通信、防化等与军事有关行业的科研机构和军工企业	从事航天、飞机、舰船、导弹、雷达、指挥自动化等与军事有关行业的科研机构和军工企业;军用机场;军港

2)人员数量

根据生产安全事故和调查处理案例(493 号令)中第三条:根据生产安全事故造成的人员伤亡,事故分级,临界值分别为:3 人、10 人、30 人。考虑到人员数量这个指标体现的是区域内定量人员密度,因此,可以将此临界值加以修正,即人员数量的Ⅰ级、Ⅱ级、Ⅲ级、Ⅳ级、Ⅴ级之间的临界值可以为:100 人、300 人、1000人、3000 人。人员数量五个等级划分如表 5-10 所示。

表 5-10   人员数量分级标准

风险等级	Ⅰ 级	Ⅱ 级	Ⅲ 级	Ⅳ 级	Ⅴ 级
人员数量(人)	$[0,100)$	$[100,300)$	$[300,1000)$	$[1000,3000)$	$[3000,\infty)$

3)影响程度

影响程度的风险等级划分依据 GB 50156-2002《汽车加油加气站设计与施工规范》中"加油站、液化石油气加气站、加油和液化石油气加气合建站、加油和压缩天然气加气合建站的等级划分"中相关内容,以及 GB J 74-84《石油库设计规范》中"石油库一、二、三、四级的划分"的内容,以及 GB 50161-92《烟花爆竹工厂设计安全规范》中"生产厂房风险等级分类、仓库风险等级分类的 A_2,A_3,C 的划分"等内容来确定,具体五个等级划分如表 5-11 所示。

表 5-11   影响程度分级标准

风险等级	区域内项目危险特征
Ⅰ级	区域内项目遭受雷击后一般不会产生危及区域外的爆炸或火灾危险。
Ⅱ级	区域内项目有三级加油加气站,以及类似爆炸或火灾危险场所。
Ⅲ级	区域内项目有二级加油加气站,以及类似爆炸或火灾危险场所。
Ⅳ级	区域内项目有一级加油加气站,四级/五级石油库,四级/五级石油天然气站场,小型、中型石油化工企业,小型民用爆炸物品储存库,小型烟花爆竹生产企业,危险品计算药量总量小于等于 5000 kg 的烟花爆竹仓库,小型、中型危险化学品企业及其仓库,以及类似爆炸或火灾危险场所。
Ⅴ级	区域内项目有一级/二级/三级石油库,一级/二级/三级石油天然气站场,大型、特大型石油化工企业,中型、大型民用爆炸物品储存库,中型、大型烟花爆竹生产企业,危险品计算药量总量大于 5000 kg 的烟花爆竹仓库,大型、特大型危险化学品企业及其仓库,以及类似爆炸或火灾危险场所。

(2)建构筑特征

1)占地面积

由于部分特殊建(构)筑物形状狭长或不规格,不易确定其等效面积,因此,引用占地面积来反映该建(构)筑物的年预计雷击次数。占地面积的风险等级划分依据是 GB 50343《建筑物电子信息系统防雷技术规范》中"等效面积 Ae 的计算方法,占地面积越大,则等效面积 Ae 越大,进而加大了该建(构)筑物的年雷击次数"的内容及专家经验知识,占地面积的五个等级划分如表 5-12 所示。

表 5-12　占地面积分级标准

风险等级	Ⅰ 级	Ⅱ 级	Ⅲ 级	Ⅳ 级	Ⅴ 级
占地面积(m²)	[0,2500)	[2500,5000)	[5000,7500)	[7500,10000)	[10000,∞)

2)等效高度

根据《建筑物防雷设计规范》中"第一类、第二类、第三类防雷建筑物的接闪器的滚球半径分别为 30 m,45 m,60 m"的内容,并结合《高层民用建筑设计防火规范》中"以 100 m 为分界点,100 m 以上的建筑上我们称之为超高层建筑,超高层建筑需要更高要求的设防且规定的设施更多"等内容,等效高度的五个等级划分如表 5-13 所示。

表 5-13　等效高度分级标准

风险等级	Ⅰ 级	Ⅱ 级	Ⅲ 级	Ⅳ 级	Ⅴ 级
等效高度(m)	[0,30)	[30,45)	[45,60)	[60,100)	[100,∞)

3)材料结构

材料结构的风险等级划分依据 GB 50343《建筑物电子信息系统防雷技术规范》中"信息系统所在建筑物材料结构因子 C_1,当建筑物屋顶和主体结构均为金属材料时,C_1 取 0.5;当建筑物屋顶和主体结构均为钢筋混凝土材料时,C_1 取 1.0;当建筑物为砖混结构时,C_1 取 1.5;当建筑物为砖木结构时 C_1 取 2.0;当建筑物为木结构时,C_1 取 2.5"的危险变化情况取值及专家经验知识,因此,材料结构具体五个等级依次为:

Ⅰ级　建(构)筑物为木结构。

Ⅱ级　建(构)筑物为砖木结构。

Ⅲ级　建(构)筑物为砖混结构。

Ⅳ级　建(构)筑物屋顶和主体结构为钢筋混凝土结构。

Ⅴ级　建(构)筑物屋顶和主体结构为钢结构。

(3)电子电气系统

1)电子系统

电子系统的风险等级划分结合了专家经验知识,从评估对象所属行业、评估对象规模和评估对象重要性三个方面来考虑,因此,电子系统具体五个等级划分如表 5-14 所示。

表 5-14　电子系统分级标准

Ⅰ 级	Ⅱ 级	Ⅲ 级	Ⅳ 级	Ⅴ 级
乡镇政府机关、事业单位办公电子信息系统	县级政府机关、事业单位办公电子信息系统	地市级政府机关、事业单位办公电子信息系统	省级政府机关、事业单位办公电子信息系统	国家级政府机关、事业单位办公电子信息系统
普通住宅区安保电子信息系统	电梯公寓、智能建筑的电子信息系统			
小型企业的工控、监控、信息等电子系统	中型企业的工控、监控、信息等电子系统	大型企业的工控、监控、信息等电子系统	特大型企业的工控、监控、信息等电子系统	
	中、小学电子信息系统	大学、科研院所电子信息系统		
一级医院的电子信息系统	二级医院的电子信息系统		三级医院的电子信息系统	
拥有丙级体育建筑的体育场馆的电子信息系统	拥有乙级体育建筑的体育场馆的电子信息系统		拥有甲级、特级体育建筑的体育场馆的电子信息系统	
	小型博物馆、展览馆的电子信息系统	中型博物馆、展览馆的电子信息系统	大型博物馆、展览馆的电子信息系统	
	地市级及以下级别重点文物保护、地市级及以下级别档案馆的电子系统	省级重点文物保护、省级档案馆的电子系统	国家级重点文物保护、国家级档案馆的电子系统	
城区人口 20 万以下城/镇给水水厂的电子系统	城区人口 20 万～50 万城市给水水厂的电子系统	城区人口 50 万～100 万城市给水水厂的电子系统	城区人口 100 万～200 万城市给水水厂的电子系统	城区人口 200 万以上城市给水水厂的电子系统
	地市级粮食储备库电子系统	省级粮食储备库电子系统	国家粮食储备库电子系统	
	县级交通电子信息系统	地市级交通电子信息系统	省级交通电子信息系统	国家级交通电子信息系统
	县级电力调度、通信、信息、监控等的电子系统	地市级电力调度、通信、信息、监控等的电子系统	大区级、省级电力调度、通信、信息、监控等的电子系统	国家级电力调度、通信、信息、监控等的电子系统
			省级证券交易监管部门的电子信息系统;证券公司的证券交易电子信息系统	国家级证券交易所(中心)、监管部门的电子信息系统

Ⅰ级	Ⅱ级	Ⅲ级	Ⅳ级	Ⅴ级
	银行分理处、营业网点的电子信息系统	银行支行的电子信息系统	银行分行的电子信息系统	银行总行的电子信息系统
	县级信息(计算)中心	地市级信息(计算)中心	省级信息(计算)中心	国家级信息(计算)中心
		小型通信枢纽(中心)	中型通信枢纽(中心)	国家级通信枢纽(中心)
		移动通信基站、民用微波站	民用雷达站	
	县级电视台、广播台、网站、报社等的电子系统	地市级电视台、广播台、网站、报社等的电子系统	省级电视台、广播台、网站、报社等的电子系统	国家级电视台、广播台、网站、报社等的电子系统
		从事军需、供给等与军事有关行业的科研机构和军工企业的电子系统	从事火炮、装甲、通信、防化等与军事有关行业的科研机构和军工企业的电子系统	从事航天、飞机、舰船、导弹、雷达、指挥自动化等与军事有关行业的科研机构和军工企业的电子系统
一般用途的电子系统				

2)电气系统

电气系统的风险等级划分依据 GB 50052《供配电系统设计规范》中"根据对供电可靠性的要求及中断供电在对人身安全、经济损失上所造成的影响程度的分级:一级负荷、二级负荷和三级负荷"的内容,以及 GB 50343《建筑物电子信息系统防雷技术规范》中"不同线路类型与入户设施的截收面积"的危险变化方向等具体内容,因此,电气系统具体五个等级依次为:

Ⅰ级　电力负荷中仅有三级负荷,室外低压配电线路全线采用电缆埋地敷设。

Ⅱ级　电力负荷中仅有三级负荷,符合下列情况之一者:

①室外低压配电线路全线采用架空电缆,或部分线路采用电缆埋地敷设。

②室外低压配电线路全线采用绝缘导线穿金属管埋地敷设,或部分线路采用绝缘导线穿金属管埋地敷设。

Ⅲ级　符合下列情况之一者:

①电力负荷中有一级负荷、二级负荷,室外低压配电线路全线采用电缆埋地敷设。

②电力负荷中仅有三级负荷,室外低压配电线路全线采用架空裸导线或架空绝缘导线。

Ⅳ级　电力负荷中有一级负荷、二级负荷,符合下列情况之一者:

①室外低压配电线路全线采用架空电缆,或部分线路采用电缆埋地敷设。

②室外低压配电线路全线采用绝缘导线穿金属管埋地敷设,或部分线路采用绝缘导线穿金属管埋地敷设。

Ⅴ级　电力负荷中有一级负荷、二级负荷,室外低压配电线路全线采用架空裸导线或架空绝缘导线。

5.5　防御风险的分级标准

(1)防雷工程

防雷工程的风险等级划分依据建(构)筑物防雷装置使用的材料、接闪器、引下线和接地装置等是否严格按照 GB 50057《建筑物防雷设计规范》中的要求来合理设计、安装,防雷装置设计是否经过当地气象主管机构审核、批准来确定,因此,防雷工程具体五个等级依次为:

Ⅰ级　区域内各建(构)筑物的防雷措施完备合理,设计符合规范、标准要求,通过气象主管部门的审核与验收。

Ⅱ级　区域内各建(构)筑物的防雷设计符合规范、标准要求,通过气象主管部门的审核与验收。

Ⅲ级　区域内各建(构)筑物的防雷设计符合规范、标准要求,没有经过气象主管部门的审核与验收。

Ⅳ级　区域内各建(构)筑物的防雷措施不完备。

Ⅴ级　满足下列条件之一者:

①区域内各建(构)筑物的防雷设施不符合国家相关规范、标准的要求。

②区域内各建(构)筑物无任何防雷设施。

(2)防雷检测

防雷检测风险等级划分依据《建筑物防雷装置检测技术规范》中"接闪器、引下线、接地装置、电磁屏蔽、等电位连接、电涌保护器的检测要求和检测方法,以及按照规定的检测周期对建(构)筑物进行检测、管理"要求来确定,因此,防雷检测具体五个等级依次为:

Ⅰ级　区域内所有建(构)筑物均按照规定的检测周期进行防雷检测,且合格。

Ⅱ级　区域内所有建(构)筑物检测合格,但没有按照规定的检测周期进行。

Ⅲ级　区域内建(构)筑物按照规定的检测周期进行防雷检测,部分不合格。

Ⅳ级　区域内建（构）筑物没有按照规定的检测周期进行防雷检测，且部分不合格。

Ⅴ级　没有按照规定的检测周期进行，且全部不合格。

（3）防雷设施维护

防雷设施维护的风险等级划分结合了《建筑物防雷第 2 分部分：指南 B——防雷装置的设计、施工、维护和检查》中对建（构）筑物进行有效的管理、维护的要求等内容，具体分级以是否满足或部分满足下述三个条件为判断准则：

①管理制度完善，对防雷设施的设计、安装、隐蔽工程、图纸资料、年检测试记录、日常维护检查记录等资料能够做到归档妥善保管。

②能够及时对不符合技术规范要求的防雷设施进行整改。

③有专门人员负责防雷设施的日常检查、管理维护、有专用检测维护设备。

因此，防雷设施维护五个等级划分如下：

Ⅰ级　①②③条全部满足。

Ⅱ级　满足①②条。

Ⅲ级　满足条件②。

Ⅳ级　满足条件③。

Ⅴ级　条件①②③均不满足。

（4）雷击事故应急

雷击事故应急的风险等级划分结合了项目区域内管理部门是否有比较完善的雷电预警服务，是否制定雷击事故应急预案及宣传教育、培训等内容，具体分级以是否满足或部分满足下述三个条件为判断准则：

①区域所在地有雷电预警服务。

②区域内单位制定有雷击事故应急预案。

③区域内单位定期或不定期对相关人员进行雷电防护安全教育和培训。

因此，雷击事故应急五个等级划分如下：

Ⅰ级　条件①②③全部满足。

Ⅱ级　满足条件②③或①②。

Ⅲ级　满足条件①③。

Ⅳ级　满足条件①或②或③。

Ⅴ级　条件①②③均不满足。

第6章 建(构)筑物雷电灾害区域影响评估模型的计算

6.1 第三级指标的模糊综合评判

6.1.1 第四级指标权重的计算

权重是一个相对的概念,针对某一个指标而言,其权重指该指标在整体评价中的相对重要程度,是对各评价指标在总体评价中的作用进行区别对待。事实上,没有重点的评价就不算是客观的评价。例如:学生期末总评是对学生平时成绩,期中考成绩,期末考成绩的综合评价,但是这三个成绩所占期末总评的成绩的比重不一样。若平时成绩占20%,期中考成绩占40%,期末考成绩占40%,那么期末总评=平时成绩×0.2+期中考成绩×0.4+期末考成绩×0.4。则该计算过程中的0.2、0.4、0.4分别为学生期末总评中平时成绩,期中考成绩,期末考成绩的权重。

本书中所牵涉的评估指标权重均引用第3章所阐述的层次分析法来分析和计算,本章节以一个实例简洁介绍建(构)筑物雷电灾害区域影响评估模型的计算过程。

(1)构造判断矩阵

根据本书中第2章中层次分析法原理及步骤的介绍,确定各指标参量权重的第一步需要专家客观地对同一层次各指标参量进行比较判断,构造该层次各指标参量的判断矩阵。

构造土壤结构的下属指标参量:土壤电阻率、土壤垂直分层和土壤水平分层之间构造比较判断矩阵。根据本书中第4章节中所介绍的指标隶属度计算结果,土壤结构的下属指标参量的隶属度矩阵如表6-1所示。

表6-1 土壤结构的下属指标隶属度

C₂₁土壤结构	Ⅰ级	Ⅱ级	Ⅲ级	Ⅳ级	Ⅴ级
土壤电阻率	0	0	0	0	1
土壤垂直分层	1	0	0	0	0
土壤水平分层	1	0	0	0	0

根据本书中第 3 章表 3-1 的 1～9 及其倒数的标度方法以及这三个同一级指标参量指标的风险次序为：土壤电阻率＞土壤垂直分层＝土壤水平分层，且差别较大，则土壤电阻率下属三个指标参量之间的比较判断矩阵如表 6-2 所示。

表 6-2　土壤结构的判断矩阵

土壤结构	土壤电阻率	土壤垂直分层	土壤水平分层
土壤电阻率	1	5	5
土壤垂直分层	0.2	1	1
土壤水平分层	0.2	1	1

(2)计算最大特征值和特征向量

根据矩阵计算方法，表 6-1 矩阵计算出最大特征值 $\lambda_{max} = 3.00$，其对应的特征向量归一化为：$W = (0.7143, 0.1429, 0.1429)$。

(3)一致性检验

根据矩阵计算方法，表 6-1 矩阵的一致性指标 CI 计算方法：

$$CI = \frac{\lambda_{max} - n}{n - 1} = \frac{3 - 3}{2} = 0 \tag{6-1}$$

根据本书中第 3 章表 3-3 平均随机一致性指标，一致性比例 CI 计算方法：

$$CR = \frac{CI}{RI} = \frac{0}{0.52} = 0 \tag{6-2}$$

即 $CR < 0.1$，认为土壤电阻率判断矩阵的一致性可以接受的，即 $W = (0.7143, 0.1429, 0.1429)$ 为土壤电阻率下属指标参量：土壤电阻率、土壤垂直分层和土壤水平分层的权向量。三级指标土壤结构的下属指标参量的判断矩阵和权重计算结果如表 6-3 所示。

表 6-3　土壤结构的判断矩阵

土壤结构	土壤电阻率	土壤垂直分层	土壤水平分层	权重 W
土壤电阻率	1	5	5	0.7143
土壤垂直分层	0.2	1	1	0.1429
土壤水平分层	0.2	1	1	0.1429
$\lambda_{max} = 3$	$CI = 0$		$CR = 0 < 0.1$ 通过一致性验证	

6.1.2　第三层指标隶属度的计算

从表 6-1 得知，土壤结构的下属指标参量：土壤电阻率、土壤垂直分层和土壤水平分层的隶属度矩阵 R 为：

$$R = \begin{bmatrix} 0 & 0 & 0 & 0 & 1 \\ 1 & 0 & 0 & 0 & 0 \\ 1 & 0 & 0 & 0 & 0 \end{bmatrix}$$

由表得知,土壤结构的下属指标的两两判断矩阵的归一化特征向量为:$W = [0.7143, 0.1429, 0.1429]$。

当指标参量的隶属度和权重系数分别确定好,则土壤结构的模糊综合评判为:

$$B = W \cdot R = [0.7143, 0.1429, 0.1429] \cdot \begin{bmatrix} 0 & 0 & 0 & 0 & 1 \\ 1 & 0 & 0 & 0 & 0 \\ 1 & 0 & 0 & 0 & 0 \end{bmatrix}$$

$$= [0.2858, 0, 0, 0, 0.7143]$$

根据上述计算结果,土壤结构的综合评判矩阵(即隶属度)如表 6-4 所示。

表 6-4　土壤结构隶属度

风险等级	Ⅰ 级	Ⅱ 级	Ⅲ 级	Ⅳ 级	Ⅴ 级
土壤结构	0.2858	0	0	0	0.7143

(1)周边环境隶属度的计算

同理,三级指标周边环境的下属指标参量(安全距离、相对高度、电磁环境)的隶属度矩阵如表 6-5 所示。

表 6-5　周边环境的下属指标隶属度

周边环境	Ⅰ 级	Ⅱ 级	Ⅲ 级	Ⅳ 级	Ⅴ 级
安全距离	1	0	0	0	0
相对高度	0	0	0	1	0
电磁影响	0	0	0.5795	0.4205	0

采用同样方法和步骤,三级指标周边环境的下属指标参量(安全距离、相对高度、电磁环境)之间的判断矩阵和权重计算结果如表 6-6 所示。

表 6-6　周边环境的判断矩阵和权重

周边环境	安全距离	相对高度	电磁影响	权重 W
安全距离	1	0.25	0.3333	0.125
相对高度	4	1	1.3333	0.5
电磁影响	3	0.75	1	0.375
$\lambda_{max} = 3$	$CI = 0$	$CR = 0 < 0.1$ 通过一致性验证		

同时,根据上述的隶属度与权重,计算出周边环境的隶属度如表 6-7 所示。

表 6-7　周边环境隶属度

风险等级	Ⅰ 级	Ⅱ 级	Ⅲ 级	Ⅳ 级	Ⅴ 级
周边环境	0.125	0	0.2173	0.6577	0

（2）项目属性隶属度的计算

三级指标项目属性的下属指标参量（使用性质、人员数量、影响程度）的隶属度矩阵如表 6-8 所示。

表 6-8　项目属性的下属指标隶属度

C_{31} 项目属性	Ⅰ 级	Ⅱ 级	Ⅲ 级	Ⅳ 级	Ⅴ 级
使用性质	0	1	0	0	0
人员数量	0	0	0	0.2738	0.7262
影响程度	1	0	0	0	0

项目属性的下属指标参量（使用性质、人员数量、影响程度）之间的判断矩阵和权重计算结果如表 6-9 所示。

表 6-9　项目属性的判断矩阵和权重

项目属性	使用性质	人员数量	影响程度	权重 W
使用性质	1	0.3333	2	0.2222
人员数量	3	1	6	0.6667
影响程度	0.5	0.1667	1	0.1111
$\lambda_{\max}=3$	$CI=0$		$CR=0<0.1$ 通过一致性验证	

同时根据上述的隶属度与权重,计算出项目属性的隶属度如表 6-10 所示。

表 6-10　项目属性隶属度

风险等级	Ⅰ 级	Ⅱ 级	Ⅲ 级	Ⅳ 级	Ⅴ 级
项目属性	0.1111	0.2222	0	0.1825	0.4842

（3）建构筑特征隶属度的计算

三级指标建构筑特征的下属指标参量（占地面积、材料结构、等效高度）的隶属度矩阵如表 6-11 所示。

表 6-11　建构筑特征的下属指标隶属度

C₃₂建构筑特征	Ⅰ 级	Ⅱ 级	Ⅲ 级	Ⅳ 级	Ⅴ 级
占地面积	0	0	0	0	1
材料结构	0	0	0	1	0
等效高度	0	0	0	0.6393	0.3607

　　建构筑特征的下属指标参量（占地面积、材料结构、等效高度）之间的判断矩阵和权重计算结果如表 6-12 所示。

表 6-12　建构筑特征的判断矩阵和权重

建构筑特征	占地面积	材料结构	等效高度	权重 W
占地面积	1	1.25	1.1667	0.3761
材料结构	0.8	1	0.875	0.2945
等效高度	0.8571	1.1429	1	0.3294
$\lambda_{max}=3.0005$	$CI=0.0002$		$CR=0.0004<0.1$ 通过一致性验证	

　　同时根据上述的隶属度与权重，计算出建构筑特征的隶属度如表 6-13 所示。

表 6-13　建构筑特征隶属度

风险等级	Ⅰ 级	Ⅱ 级	Ⅲ 级	Ⅳ 级	Ⅴ 级
建构筑特征	0	0	0	0.5051	0.4949

（4）电子电气系统隶属度的计算

　　三级指标电子电气系统的下属指标参量（电子系统、电气系统）的隶属度矩阵如表 6-14 所示。

表 6-14　电子电气系统的下属指标隶属度

C₃₃线路系统	Ⅰ 级	Ⅱ 级	Ⅲ 级	Ⅳ 级	Ⅴ 级
电子系统	0	0	0	0.6393	0.3607
电气系统	0	0	1	0	0

　　电子电气系统的下属指标参量（电子系统、电气系统）之间的判断矩阵和权重计算结果如表 6-15 所示。

表 6-15　电子电气系统的判断矩阵和权重

电子电气系统	电子系统	电气系统	权重 W
电子系统	1	0.6667	0.4
电气系统	1.5	1	0.6
$\lambda_{max}=2$	$CI=0$	$CR=0<0.1$ 通过一致性验证	

同时根据上述的隶属度与权重,计算出电子电气系统的隶属度如表 6-16 所示。

表 6-16　电子电气系统隶属度

风险等级	Ⅰ 级	Ⅱ 级	Ⅲ 级	Ⅳ 级	Ⅴ 级
电子电气系统	0	0.4	0.6	0	0

当用此方法对被评估项目进行现状评估时,需要增加二级指标防御风险的下属指标参量(防雷工程、防雷检测、防雷设施维护、雷击事故应急)之间的判断矩阵。

6.2　第二级指标的模糊综合评判

(1)雷电风险隶属度的计算

查询以拟建项目为中心,半径 5 km 范围内的闪电定位资料,雷电风险的下属指标参量(雷击密度、雷电流强度)的隶属度矩阵如表 6-17 所示。

表 6-17　雷电风险的下属指标隶属度

雷电风险	Ⅰ 级	Ⅱ 级	Ⅲ 级	Ⅳ 级	Ⅴ 级
雷击密度	0	0	0	0.8738	0.1262
雷电流强度	0.009464	0.048896	0.55205	0.302839	0.086751

雷电风险的下属指标参量(雷击密度、雷电流强度)之间的判断矩阵和权重计算结果如表 6-18 所示。

表 6-18　雷电风险的判断矩阵和权重

雷电风险	雷击密度	雷电流强度	权重 W
雷击密度	1	1.5	0.6
雷电流强度	0.6667	1	0.4
$\lambda_{max}=2$	$CI=0$	$CR=0<0.1$ 通过一致性验证	

同时根据上述的隶属度与权重,计算出雷电风险的隶属度如表 6-19 所示。

表 6-19　雷电风险隶属度

风险等级	Ⅰ级	Ⅱ级	Ⅲ级	Ⅳ级	Ⅴ级
雷电风险	0.0038	0.0196	0.2208	0.6454	0.1104

(2)地域风险隶属度的计算

根据上一节计算内容,地域风险的下属指标参量(土壤结构、地形地貌、周边环境)的隶属度矩阵如表 6-20 所示。

表 6-20　地域风险的下属指标隶属度

地域风险	Ⅰ级	Ⅱ级	Ⅲ级	Ⅳ级	Ⅴ级
土壤结构	0.2858	0	0	0	0.7143
地形地貌	0	1	0	0	0
周边环境	0.125	0	0.2173	0.6577	0

同样,根据层次分析法基本原理和步骤,地域风险的下属指标参量(土壤结构、地形地貌、周边环境)之间的判断矩阵和权重计算结果如表 6-21 所示。

表 6-21　地域风险的判断矩阵和权重

地域风险	土壤结构	地形地貌	周边环境	权重 W
土壤结构	1	3	1.5	0.5
地形地貌	0.3333	1	0.5	0.1667
周边环境	0.6667	2	1	0.3333
$\lambda_{max}=3$	$CI=0$		$CR=0<0.1$ 通过一致性验证	

同时根据上述的隶属度与权重,计算出地域风险的隶属度如表 6-22 所示。

表 6-22　地域风险隶属度

风险等级	Ⅰ级	Ⅱ级	Ⅲ级	Ⅳ级	Ⅴ级
地域风险	0.1846	0.1667	0.0724	0.2192	0.3572

(3)承灾体风险隶属度的计算

根据上一节计算内容,承灾体风险的下属指标参量(项目属性、建构筑特征、电子电气系统)的隶属度矩阵如表 6-23 所示。

表 6-23　承灾体风险的下属指标隶属度

承灾体风险	Ⅰ 级	Ⅱ 级	Ⅲ 级	Ⅳ 级	Ⅴ 级
项目属性	0.1111	0.2222	0	0.1825	0.4842
建构筑特征	0	0	0	0.5051	0.4949
电子电气系统	0	0.4	0.6	0	0

同样,根据层次分析法基本原理和步骤,承灾体风险的下属指标参量(项目属性、建构筑特征、电子电气系统)之间的判断矩阵和权重计算结果如表 6-24 所示。

表 6-24　承灾体风险的判断矩阵和权重

承灾体风险	项目属性	建构筑特征	电子电气系统	权重 W
项目属性	1	0.75	1.5	0.3333
建构筑特征	1.3333	1	2	0.4444
电子电气系统	0.6667	0.5	1	0.2222
$\lambda_{max}=3$		$CI=0$		$CR=0<0.1$ 通过一致性验证

同时根据上述的隶属度与权重,计算出承灾体风险的隶属度如表 6-25 所示。

表 6-25　承灾体风险隶属度

风险等级	Ⅰ 级	Ⅱ 级	Ⅲ 级	Ⅳ 级	Ⅴ 级
承灾体风险	0.037	0.163	0.1333	0.2853	0.3813

6.3　建(构)筑物雷电灾害区域影响评估综合评价

根据上一节计算内容,建(构)筑物雷电灾害区域影响评估体系的三个第二层指标参量(项目属性、建构筑特征、电子电气系统)的隶属度矩阵如表 6-26 所示。

表 6-26　第二层指标隶属度

风险等级	Ⅰ 级	Ⅱ 级	Ⅲ 级	Ⅳ 级	Ⅴ 级
雷电风险	0.0038	0.0196	0.2208	0.6454	0.1104
地域风险	0.1846	0.1667	0.0724	0.2192	0.3572
承灾体风险	0.037	0.163	0.1333	0.2853	0.3813

因此,结合区域雷电灾害风险隶属度矩阵及相关历史资料,区域雷电灾害风

险的判断矩阵和权重计算结果如表 6-27 所示。

表 6-27　第二层指标的判断矩阵和权重

一级指标	雷电风险	地域风险	承灾体风险	权重 W
雷电风险	1	0.75	0.75	0.2727
地域风险	1.3333	1	1	0.3636
承灾体风险	1.3333	1	1	0.3636
$\lambda_{max}=3$	$CI=0$		$CR=0<0.1$ 通过一致性验证	

同时根据上述的隶属度与权重,计算出区域雷电灾害风险的隶属度如表 6-28 所示。

表 6-28　区域雷电灾害风险隶属度

风险等级	Ⅰ级	Ⅱ级	Ⅲ级	Ⅳ级	Ⅴ级
区域雷电灾害风险	0.0816	0.1252	0.135	0.3594	0.2986

根据本书中建(构)筑物雷电灾害区域影响评估分级标准,风险的大小用 g 表示,g 值越小代表区域内项目雷击致灾风险越低,g 值越大代表区域内项目雷击致灾风险越高,g 值区间[0,10],$g=r_1+3r_2+5r_3+7r_4+9r_5$,其中 r_1、r_2、r_3、r_4、r_5 为建(构)筑物雷电灾害区域影响评估的隶属度Ⅰ级、Ⅱ级、Ⅲ级、Ⅳ级、Ⅴ级。

根据上述内容,该评估项目的综合评分结果为:

$g=0.0816+3×0.1252+5×0.135+7×0.3594+9×0.2986$,求出 $g≈6.3354$。

根据综合评估结果可知,该工程项目的建(构)筑物雷电灾害区域影响评估的综合评价得分为 6.3354,大于 6 分,小于 8 分,根据区域雷电灾害风险总目标分级标准,可知被评估项目的雷电灾害风险等级为第Ⅳ级,具有较高雷击灾害风险。

第7章 区域雷电灾害风险控制

雷电灾害风险评估的目的是为项目选址与防雷设计提供建议,从经济合理性的角度为其提供雷电防护,减轻灾害造成的损失和影响。在某些情况下,风险评估可以作为判断雷电防护要求是否合适的技术措施。一般情况下,雷电风险控制的措施应包含如下内容:

(1)重新规划项目位置,或者调整内部布局。

(2)从区域防雷的角度布设战略性的雷电防护装置。

(3)有针对性地加强建筑物防雷薄弱环节。

(4)做好雷电预警工作。

(5)制定防雷安全实施细则和重大雷电灾害应急预案,做好人员防雷安全知识培训,并报当地气象主管机构和安全监察部门审查、备案。

(6)根据项目实际情况和评估结论采取针对性的防护措施。

7.1 雷电监测预警

雷电灾害不容忽视,如何做好雷电的预警预报工作是一个迫切需要解决的问题,关于雷电的产生机制研究,防护技术研究,监测和预警技术研究在发达国家起步较早,我国起步较晚,特别在雷电预警技术方法研究和模型研制方面更加薄弱,湖南省防雷中心通过查阅和参考国内外雷电预警技术方法的最新研究成果,应用湖南省雷电灾害资料、雷暴资料、新一代多普勒天气雷达数据、闪电资料等多种数据,研制开发了湖南省雷电监测预警业务平台,目前已经被国内多个省份引进,在当地防雷减灾服务工作中发挥作用。

7.1.1 雷电预警方法简介

(1)资料的选取

1)闪电定位资料

选取湖南省区域内多年闪电定位仪探测的闪电数据,并与雷达回波出现的时间和位置相对应。

2)雷达资料

新一代天气雷达监测的 PUP 产品资料中的基本反射率(Base Reflectivity)、回波高度(Echo Height)、回波顶高(Echo Tops)、组合反射率因子(Composite

Reflectivity)、垂直积分液态水含量(Vertically Integrated Liquid)、CAPPI 资料、风暴结构产品。

（2）指标选取

主要选取基本反射率、回波顶高、组合反射率因子、垂直积分液态水含量、CAPPI 资料、风暴结构，根据闪电定位仪资料，对照闪电发生时刻及闪电发生前后的雷达回波特征进行个例的分析与验证，以期得到比较可靠的闪电预警预报指标，为闪电的预警预报作支撑。

（3）具体分析

由于闪电定位系统的定位存在一定的误差，为了避免由于定位误差而导致对单体是否雷暴，以及闪电发生时间和空间的错误判断，在研究过程中所选取的个例主要为单独发生和发展的单体，选取了 2007 年、2008 年发生在长沙雷达探测范围之内的雷暴作为研究对象（表 7-1、表 7-2）。

表 7-1 发生闪电的雷达回波特征参数

序号	时间	经度	纬度	H (km)	R (dBZ)	ET (km)	VIL (kg/m^2)	CAPPI (dBZ)	CR (dBZ)	LTA (dBZ)
1	雷达 20070503 17:45:52	115.081	29.037	5.4	40(43)	5(5)	5(8)	—	40(43)	
	闪电 20070503 17:44:00	115.1425	29.0334							
2	雷达 20070523 14:11:47	111.057	28.159	4.8	40(43)	11(11)	1(3)	—	35(38)	30(36)
	闪电 20070523 14:10:38	111.2016	28.1316							
3	雷达 20070523 18:02:44	114.326	27.394	4.2	40(43)	12(13)	15(18)	55(58)	40(43)	50(54)
	闪电 20070523 18:10:50	114.3347	27.4573							
4	雷达 20070529 12:39:44	111.952	28.209	2.3	40(43)	12(13)	35(38)	45(48)	60(63)	50(54)
	闪电 20070529 12:36:47	111.9629	28.1807							
5	雷达 20070530 14:44:14	111.498	28.977	3.6	40(43)	6(7)	5(8)	45(48)		41(44)
	闪电 20070530 14:46:22	111.5136	28.9834							
6	雷达 20070530 15:14:31	111.64	29.126	3.5	40(43)	14(14)	20(23)	—	45(48)	50(54)
	闪电 20070530 15:15:38	111.6585	29.0697							
7	雷达 20070530 17:11:04	111.518	29.071	3.7	40(43)	14(14)	25(28)	—	45(48)	50(54)
	闪电 20070530 17:11:09	111.5816	29.0156							
8	雷达 20070530 20:19:56	114.796	28.579	4.1	40(43)	6(7)	5(8)	—	40(43)	30(36)
	闪电 20070530 20:46:44	114.8972	28.5626							
9	雷达 20070531 14:37:30	112.108	27.851	2.4	40(43)	9(10)	20(23)	—	45(48)	50(54)
	闪电 20070531 14:41:27	112.0765	27.8388							
10	雷达 20070619 13:17:59	114.115	27.517	3.4	40(43)	14(14)	5(8)	50(53)	40(43)	50(54)
	闪电 20070619 13:15:48	114.1716	27.5514							

续表

序号	时间	经度	纬度	H (km)	R (dBZ)	ET (km)	VIL (kg/m²)	CAPPI (dBZ)	CR (dBZ)	LTA (dBZ)
11	雷达 20070620 12:09:14	113.743	27.098	3.9	40(43)	9(10)	10(13)	25(28)	45(48)	46(48)
	闪电 20070620 12:07:49	113.5997	27.137							
12	雷达 20070621 03:53:34	113.079	29.712	3.1	40(43)	8(8)	1(3)	20(23)	40(43)	—
	闪电 20070621 03:55:42	113.0526	29.7608							
13	雷达 20070622 13:56:16	115.214	29.035	5.9	40(43)	9(10)	15(18)	—	55(58)	
	闪电 20070622 14:01:55	115.2262	29.1063							
14	雷达 20070622 18:33:50	114.4207	27.7243	3.4	40(43)	12(13)	40(43)	—	10(13)	—
	闪电 20070622 18:31:35	114.4207	27.7243							
15	雷达 20080630 17:57:28	114.333	27.143	4.8	40(43)	8(8)	5(8)	40(43)		
	闪电 20080630 17:57:00	114.7308	27.1514							
16	雷达 20070702 15:13:39	114.948	28.514	4.6	40(43)	11(11)	15(18)	—	45(48)	
	闪电 20070702 15:15:05	114.9412	28.4974							
17	雷达 20070711 04:40:41	111.687	29.051	3.3	40(43)	8(8)	5(8)	40(43)	—	
	闪电 20070711 04:43:56	111.7407	29.1286							
18	雷达 20070712 00:17:29	112.060	27.626	2.9	40(43)	6(7)	1(3)	30(33)	45(48)	
	闪电 20070712 00:16:39	112.0596	27.6724							
19	雷达 20070724 18:51:33	114.7	28.328	3.9	40(43)	12(13)	30(33)	35(38)	40(43)	
	闪电 20070724 18:54:02	114.6944	28.3642							
20	雷达 20070726 01:28:18	115.009	27.718	5.4	40(43)	9(10)	5(8)	—		
	闪电 20070726 01:27:53	114.9659	27.8091							
21	雷达 20070726 12:18:23	114.506	28.654	3.3	40(43)	8(8)	5(8)	35(38)		
	闪电 20070726 12:21:19	114.4831	28.5441							—
22	雷达 20070727 14:37:22	114.953	29.07	5	40(43)	8(8)	5(8)	—	40(43)	
	闪电 20070727 14:39:56	114.7085	29.217							
23	雷达 20070802 11:39:28	113.963	29.691	3.8	40(43)	6(7)	10(13)	—	45(48)	
	闪电 20070802 11:44:39	113.9661	29.6372							
24	雷达 20070810 07:10:00	111.097	28.469	4.5	40(43)	8(8)	5(8)	25(28)	40(43)	
	闪电 20070810 07:13:16	111.0761	28.4908							
25	雷达 20070810 12:50:34	112.671	29.55	2.6	40(43)	9(10)	20(23)	20(23)		
	闪电 20070810 12:52:18	112.6711	29.5091							
26	雷达 20070813 16:01:06	113.542	29.195	2.1	40(43)	8(8)	40(43)	50(53)	45(48)	
	闪电 20070813 16:01:32	113.5282	29.2358							
27	雷达 20070824 07:09:10	114.483	28.488	3.2	40(43)	11(11)	10(13)	40(43)		

续表

序号	时间	经度	纬度	H (km)	R (dBZ)	ET (km)	VIL (kg/m²)	CAPPI (dBZ)	CR (dBZ)	LTA (dBZ)
28	雷达 20080612 19:47:55	114.107	29.654	4.0	40	6(7)	5(8)	50(53)	25(28)	
	闪电 20080612 19:46:24	114.146	29.6799							
29	雷达 20080622 15:53:38	114.232	29.770	4.6	40	8	10	—	40	
	闪电 20080622 15:51:06	114.2183	29.8138							
30	雷达 20080712 20:26:15	114.367	29.836	5.0	40	8	15		50	
	闪电 20080712 20:28:38	114.3122	29.84719							
31	雷达 20080717 14:29:25	113.839	29.737	3.8	40	12	10	20	40	
	闪电 20080717 14:28:24	113.8116	29.7189							
32	雷达 20080730 18:59:48	114.829	28.156	4.3	40	8	5	40	40	
	闪电 20080730 19:01:05	114.8183	28.1505							

表 7-2　未发生闪电的雷达回波特征

序号	时间	经度	纬度	H (km)	R (dBZ)	ET (km)	VIL (kg/m²)	CAPPI (dBZ)	CR (dBZ)	LTA (dBZ)
1	雷达 20070528 13:03:30	114.177	28.98	2.8	40	9(10)	15(18)	—	50(53)	50(54)
2	雷达 20070529 12:39:44	111.293	28.364	3.9	40	6(7)	10(13)	—	45(48)	50(54)
3	雷达 20070605 20:29:20	113.073	27.858	1.5	40	5(5)	10(13)	30(33)	40(43)	—
4	雷达 20070629 04:32:47	113.194	27.154	3.3	40	6(7)	1(3)	45(48)	45(48)	41(44)
5	雷达 20070720 14:40:03	113.661	29.338	2.5	40	5(5)	1(3)	0	40(43)	
6	雷达 20070720 17:06:32	112.144	28.462	1.8	40	6(7)	10(13)	5(8)	50(53)	
7	雷达 20070802 10:27:00	114.992	28.962	5	40	5(5)	1(3)	0	40(43)	
8	雷达 20080602 17:40:34	114.647	28.553	3.7	40	6	5	30	40	
9	雷达 20080604 09:42:38	114.341	29.341	3.8	40	9	10	25	40	
10	雷达 20080629 21:35:36	113.580	29.590	3.1	40	8	10	30	40	

在研究中,旨在发现雷暴与其发生闪电的初生(即第一次产生闪电)阶段雷达回波特征关系,通过进一步分析,找出雷电预警的条件,也就是说,在何种雷达回波特征条件下,可以来预测雷电的发生,以及可能发生雷暴的强弱。当然,首先要做的工作是要找到发生闪电的时刻的雷达回波特征。

(4)雷暴雷达回波特征的应用

由于雷暴云内起电与其中的微物理过程息息相关,温度、云内粒子的大小和相态,以及相应的变化特征等都成为雷电预警所必须获得的信息。雷达同时具有观测精度高、观测时间间隔短的优势,其所反映的单体在强度方面的信息,结合闪电活动方面的信息,对于雷电的预警预报是有帮助的,这也是目前最接近实际业务应用的一种雷电预警预报手段。

1)基本反射率

Lhermitte 和 Krehbiel(1979)利用多普勒雷达观测得到云中气流与云中电荷位置的关系。闪电开始的时间是与大于 20 m/s 强上升气流相一致,最初的闪电电源在有组织的上升气流上空形成一伞形屏障,闪电环绕高反射率区边界,接近−10 ℃高度发生,与强降水核心区有相当的距离。Lhermitte 和 Williams(1985)在研究中发现,与闪电相联系的负电荷中心位于高反射率区以上 1 km 以内的地方。Rust 等(1981)还发现,闪电源位置发生在上升气流较弱(<10 m/s)的地区,常与下沉气流相毗邻;另外,有些闪电源位于雷达高反射率核心区。上升气流、反射率与闪电速率之间相关性很高。

结论一:在个例的分析中,选取了 40 dBZ 作为依据,这主要是根据参考文献的分析结果来进行验证的,从表 7-1 也可以看出,发生闪电的雷达回波基本反射率都达到了 40 dBZ,但从表 7-2 来看,这并不能作为是否发生闪电的唯一依据,还需综合多个特征进行分析。同样,对于 CAPPI 和 CR,也是相同的应用。

2)回波高度特征

雷达监测到顶高 9 km 以上,强中心高度 6 km 左右的对流回波时就可能会发生雷暴(可能因地区而异),只是雷电的强度还会受到其他因素的制约。Wiebke Deierling(2005)等人认为,雷暴较强的起电主要发生在起电区域的顶部附近,一般位于−15 ℃至−30 ℃温度层之间。根据实验室实验发现,−10 ℃是非感性起电机制中冰晶和霰碰撞后携带不同极性电荷的翻转温度,因此,这个温度层高度一直都在雷暴起电研究中被视作一个特征高度。Brandon Vincent 和 Larey 等人(2003)也提出在−10 ℃层结高度处 40 dBZ 回波的出现是预测单体即将发生地闪的最佳预报因子之一。

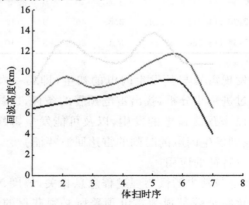

图 7-1　40 dBZ 的强度回波产生闪电时的不同高度

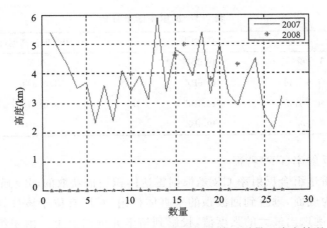

图 7-2　个例:2007 年 7 月 24 日闪电发生前后雷暴云演变情况

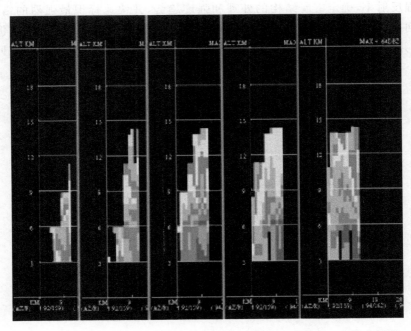

图 7-3　2007 年 7 月 24 日闪电发生前后 20 dBZ、40 dBZ、45 dBZ 演变情况
（其中浅色为 20 dBZ、中灰色为 40 dBZ、深色为 45 dBZ）

　　结论二:从图 7-2～图 7-4 可以看出,闪电的发生与一定的回波达到相应的高度层有关。由上图可以分析得出,仅在回波的基本反射率的应用下。产生闪电的 40dBZ 的回波高度在不同月份有所不同,见表 7-3。

表 7-3　反射率因子分析

	选取依据	40 dBZ 回波高度(km)
2007 年 5 月份	40 dBZ	3.57
2007/2008 年 6 月份	40 dBZ	4.083/4.3
2007/2008 年 7 月份	40 dBZ	4.06/4.37
2007 年 8 月份	40 dBZ	3.24

3)组合反射率(CR)特征

多普勒雷达组合反射率 CR 是根据雷达体积扫描获取的回波强度资料,在以分辨率面积为底面,垂直到回波顶的垂直体柱内,对所有位于该柱体内的强度资料进行比较,挑选出最大的强度值,投影到笛卡儿网格点上。由于组合反射率可以很直观地反映强回波的中心位置,展示各层回波的最强反射,并能有效探测较高处强反射率,确定雷暴结构的外观和强度趋势,并快速标识最强烈的雷暴,确定在何处生成反射率剖面的图像,因此,可以利用这个产品有效地确定回波的强中心,并把这个强中心与基本反射率的强中心加以比较,从而进行强对流回波的定位。

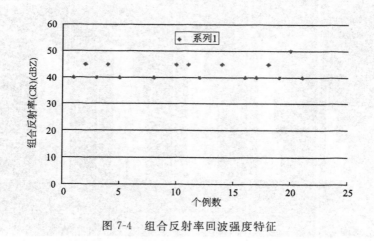

图 7-4　组合反射率回波强度特征

结论三:在回波强度达到 40 dBZ 后,多普勒雷达组合反射率 CR 强度46 dBZ 是识别雷暴云的一个重要判据。随季节的变化,雷暴云的 CR 强度值略有变化。根据资料分析显示 2 个 45 dBZ 以上的对流单体合并后迅速发展,与合并前相比,强度加强,高度升高,面积扩大,对流更加激烈,一旦合并就容易出现雷电。

4)雷达回波顶高(ET)特征

多普勒雷达回波顶高(ET)值是判别雷暴云的一个重要指标,雷暴云的回波顶高平均值为 9.3 km,因此,选取顶高 ET＝8 km 为判别雷暴云的一个重要判据(可能因地区而异),同时,雷暴云的高度随着季节、天气的不同有所不同,在初夏或初秋季里,雷暴云的高度较盛夏时偏低。

结论四:从图 7-5 可以看出,从选取的 32 个发生闪电的个例来看,有 26 个个例的回波顶高超过了 6～7 km,只有 5 个在 6～7 km 以下、5 km 以上,超过 7 km 的占抽取个例 81%,对预警来说,选取 7 km 回波顶高作为将要发生闪电的预警参数,有着可靠的依据。

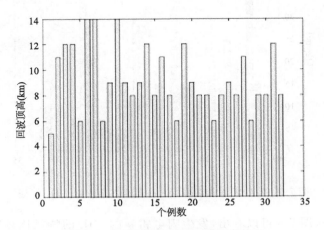

图 7-5   发生闪电的雷达回波顶高特征

闪电的发生与一定的回波达到相应的高度层有关,这也与文献上所说的 40 dBZ 回波到达－10℃温度层,是闪电是否会发生的依据,这需要结合探空资料来综合考虑,但探空资料的时间和次数有限(一天只有两次),所以完全依靠探空资料来获取高空温度,也存在一定的误差。

未发生闪电的雷达回波顶高基本都在 7 km 以下,只有一个达到 9 km,超过了 7 km,但从表 7-2 可以看出,达到 9 km 的个例,它的 VIL 值并不大,只有 15 kg/m² ,要综合多个参数来考虑,才能达到更好的效果。

5)垂直积分液态水含量(VIL)特征

垂直积分液态水与基本反射率的强度有关,而持续高的垂直积分液态水又对应于超级单体回波,利用它的这一特性可以帮助识别更强的回波,从而进一步确定雷暴出现的可能性。如果和其他产品进行叠加,就可以确定雷暴所在位置,以便更好地为预报服务。另外,垂直积分液态水含量这个产品还有一个特性,即"快速减少的垂直积分液态水可以引起风灾"。利用这一指标,可以对雷雨大风进行探测识别。

垂直液态水含量产品是假定反射率因子强度来自于液态水滴,应用(7-1)式生成每一个 2.2 km×2.2 km 网格点上任意仰角的液态水含量,然后再对每个网格点进行垂直积后得到 VIL 产品。

$$M = 3.44 \times 10^{-9} \times Z^{4/7} \tag{7-1}$$

式中,Z 为基本反射率因子值,M 为液态水含量,单位 kg/m²。统计发现,当垂直液态水含量(VIL)等于或大于 8 kg/m² 时可以确定为雷暴云,同时,由于雷暴单体并非由液态水构成,导致很强的 VIL,所以有助于识别较强的雷暴单体。

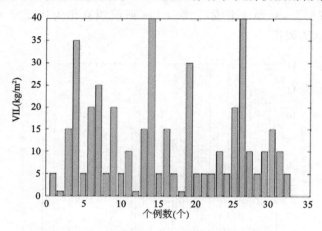

图 7-6 发生闪电雷暴的雷达垂直液态含水量(VIL)特征

结论五:从图 7-6 可以看出,发生闪电雷暴的 VIL 的特征比较离散,但 VIL 大于 5 kg/m²,可以作初步判断。然而综合回波顶高和液态含水量来看,如果回波顶高没达到 6 km,而 VIL 超过 5 kg/m²,单体并没出现闪电;反之,如果 VIL 没达到 5 kg/m²,而回波顶高超过 6 km,也没出现闪电。由此可见,综合多种因子来进行闪电的分析与预报,较之单一因子来说会有较好的效果。

6)CAPPI 特征

雷达以不同仰角分别作全方位扫描探测(即体扫)时,所获取的是球坐标形式的三维数据,它实际上由不同仰角相应的 PPI 数据组合而成。将同一等高面上的目标回波按 PPI 方式显示出来,可以较方便地分析气象信息在某高度上的水平分布,便于和邻近高度的天气图分析相结合。用不同高度上的 CAPPI 数据还可以了解气象信息的三维结构。

结论六:从图 7-7 可以看出,在发生闪电的雷暴 CAPPI 显示中,部分数据因为观测原因没给出。在已有的数据中,所有的各层强度均在 20 dBZ 以上。同时 65% 的回波强度在 35 dBZ 以上。

7.1.2 雷电预警预报

通过实际检验发现,在绝大多数的情况下,雷电的发生与 0.5° 仰角的基本反射率的回波强度具有很好的相关性,因此,我们根据雷达回波强度的不同,划分

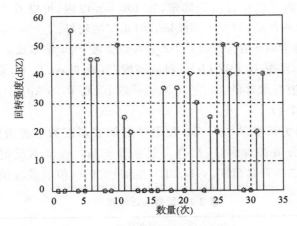

图 7-7　雷暴的 CAPPI 显示

不同的雷电发生概率。本着"由简入繁"的原则,可考虑采用基于闪电、雷灾、雷暴、多普勒雷达、数值预报产品等资料的统计和分析,研制小网格的雷电临近预警。引入组合反射率、回波顶高、垂直液态含水量等与雷暴发生发展密切相关的雷达监测数据,作为判别雷电临近预警的重要判别因子。通过对闪电实况和这些雷达产品的监测,分析判断雷暴趋势,结合欧洲中期天气预报中心(ECMWF)的风场预报产品和雷达速度、回波强度等相关资料,生成未来 1～2 h 雷电概率预报。

7.1.3　雷电发生概率划分

雷电是一种局地性很强的灾害性天气,必须进行定点、定时的客观预测才有实际应用价值,考虑到雷达的分辨率可达 1 km×1 km,而闪电的定位精度也在 2 km 以下,所以选 5 km×5 km 格点的雷电发生概率做为雷暴的预警指标。

根据回波强度的不同,可以划分出相应的雷电发生概率:规定 0.5°仰角的雷达回波反射率因子值<37.5 dBZ 时概率为 0;≥37.5 dBZ 且<42.5 dBZ 时雷电发生概率为 0%～25%;≥42.5 dBZ 且<47.5 dBZ 时雷电发生概率为 25%～50%;≥47.5 dBZ 且<60.5 dBZ 时雷电发生概率为 50%～75%;≥60.5 dBZ 时雷电发生概率为 75%～100%。按照这种规定,把计算得到的 0.5°仰角的雷达回波反射率因子值数据转换成未来 0～3 h 的雷电发生概率。

7.1.4　雷暴临近预警预报指标

新一代天气雷达 PUP 产品的使用,结合雷暴发生的情况和事后灾情收集反馈制定出雷达 PUP 产品中基本反射率、回波顶高、垂直积分液态水含量、组合反射率因子、CAPPI 对中等强度雷暴的预报指标。对于基本反射率的应用,雷达探测雷暴中,近距离可以用较高的仰角,如 100 km 以内,可以看 0.5°、1.5°、2.4°、3.4°这 4 个仰角的产品;但大于 100 km,用 0.5°的较好。

当组合反射率因子在 40～45 dBZ 为对流回波;0.5°基本反射率回波强度:春季 40 dBZ 以上,夏季 45 dBZ 以上;回波高度:春季 9 km 以上,夏季 10～11 km 以上;垂直积分液态水含量:春季 25 kg/m² 以上,夏季 35 kg/m²,则预报该地有雷暴产生(见表 7-4)。

在雷电预警方法中以 0.5°基本反射率的回波强度为主要指标,同时参考回波顶高、垂直积分液态含水量、组合反射率等产品。在基本反射率达到阈值以后,有任意一个二次产品(ET、VIL、CR)达到设定的阈值就进行预警。

表 7-4　雷暴临近预报指标

二次产品名称	判断区间		预报结论
	春季	夏季	
组合反射率	35	40	
基本反射率	30	35	弱雷暴天气
回波顶高	6	7	
垂直积分液态含水量	15	20	
组合反射率	40	45	
基本反射率	35	40	中等雷暴天气
回波顶高	8	9	
垂直积分液态含水量	20	25	
组合反射率	45	50	
基本反射率	40	45	强雷暴天气
回波顶高	9	10	
垂直积分液态含水量	25	35	

7.2　外部防雷系统防雷设计要点

外部防雷系统用于截收建筑物的直击雷(包括建筑物侧面的闪络),并引雷入地,将雷电流分散泄入大地,其由接闪器、引下线和接地装置组成。

7.2.1　接闪器

应充分利用大厦屋面金属构件、物体、金属板作为自然接闪器,并与避雷短针、避雷带和避雷网格组成混合型接闪器。避雷网格应满足防雷设计规范的要求。金属屋顶可能被雷电击穿,此时,水能从雷电落雷点渗透并穿过屋顶,为避免这种情况,导电屋顶金属板可由具有足够高度的接闪器提供保护,并注意支架的选用。

外层玻璃幕墙应采用金属材料做成明框,玻璃幕墙的金属框架应有良好的接地性能,应能起到防侧击雷的作用,玻璃幕墙的龙骨架与大楼主体防雷的预埋件可靠连接;金属门窗要注意等电位均压环的有效连接和接地处理,要两点接地;塑钢门窗要解决侧击雷接闪器设置问题。

在外墙易受雷击部位,如阳角位和外墙靠近建筑物引下线处,设置接闪器。另外,必须注意均压环应尽量靠近外墙,以缩短接闪器与均压环的引线长度。

在使用铜、铝和铁等不同材料,以及用做自然接闪器部件的金属薄板、管道和容器等时,都要注意满足相关规范的要求。

外部防雷系统应优先选择铜、铝、不锈钢、镀锌钢等耐腐蚀材料,应避免不同材料之间相互连接,否则,应采取防腐蚀措施。

7.2.2　引下线

在经济条件和实际情况都允许的情况下,应尽可能多地布设引下线,并用环形导体等间隔相连,以减少危险火花的产生概率,利于建筑物内部装置的防护。

7.2.3　接地装置

要充分考虑可能存在的电化学腐蚀问题,注意接地类型的设计、接地材料和截面积的选择、接地极与混凝土中的钢筋搭接材料等,若使用环形接地,靠近公路一侧的接地网尤其需要注意,在环形接地极不可能完全盖覆整个公路段的情况下,在引下线附近应进行等电位控制。

7.3　内部防雷系统防雷设计要点

当雷电流流经外部防雷系统或建筑物其他导体部分时,利用内部防雷系统可避免建筑物内出现危险火花。

7.3.1　建筑物的金属装置和导电部件的等电位连接

应采取总等电位连接和局部等电位连接措施。在各防雷分区交界处应设置总等电位接地端子板(等电位连接端子应与接地装置在不同位置进行两次以上的连接),在每层楼设置楼层等电位接地端子板;将各局部等电位连接端子板、配电系统 PE 线、各类金属管道等金属部件连接到总等电位接地端子板上;在卫生间、游泳池、电子信息系统机房等特殊场所还应采取辅助等电位连接措施,并应在适当的位置预留出等电位连接端子。

7.3.2 入户设施与建筑物相连管线、服务设施的等电位连接

各种入户设施尽量采用穿金属管埋地引入，埋地长度不小于 15 m，或者通过金属桥架引入。所有进出建筑物的外来导电物体均应在各防雷分区的界面处做等电位连接。

为防止雷电波侵入对建筑物及其内部设备造成损害，凡进出本建筑物的铠装电缆金属外皮、金属线槽和金属管道均应在进出建筑物处就近与防雷接地装置连接；固定在建筑物上的彩灯、航空障碍灯及其他用电设备的线路则通过置于接闪器保护内、线路外穿钢管及配电箱装设过电压保护器等措施保护。

其他主要弱电系统（如计算机网络系统、安全防范系统、火灾自动报警系统、广播系统、程控交换机系统、卫星及有线电视接收系统等）的等电位连接措施应根据相关标准进行设计。

7.3.3 屏蔽设计和电气绝缘

根据对建筑物内部磁场强度的估算可知，利用建筑物自身的钢筋结构网络组成的格栅形大空间的屏蔽效能，可有效降低内部空间的磁场强度，然而根据第 6 章电磁环境评价结果，利用自身钢筋网形成的屏蔽体仍不能完全满足设备房内磁场干扰强度不大于 800 A/m 的要求，其还取决于机房及机房设备布置的位置，建议重要机房及控制设备布置在顶部四层以下。采用一定规格的屏蔽网格对空间进行屏蔽，可以满足上述磁场干扰强度不大于 800 A/m 的要求，该屏蔽网格若采用不锈钢网，可暗敷于需防护对象所在房间的墙体内，房间内设备与引下线的距离不小于屏蔽网格对应的安全距离，屏蔽网格如采用钢材料，半径不小于其对应的计算半径值。

为了避免电源线和信号线开路环路上感应的过电压损坏设备，应对其进行屏蔽，采用有金属屏蔽层的电缆或将非屏蔽电缆敷设在金属屏蔽线槽（管）内，金属屏蔽层应良好接地。

应注意接闪器之间、引下线和建筑物的金属部件、金属装置及内部系统间的隔距的设计满足相关标准及规范的要求。

应注意提供屋顶的屏蔽效能，当屋顶没有导电结构部件时，可通过缩小屋顶导体之间的隔距提供屏蔽效能。

7.3.4 协调配合的 SPD 保护

要综合考虑被保护设备额定冲击耐受电压的要求，设计和选择能保证级联使用、协调配合的 SPD（电涌保护器）。

7.4　施工期间防雷

通过合理安排工期,尤其是高空作业和弱电系统设备的安装、调试应避开雷暴高发期,至少可将潜在雷击危险显著降低。

通过查询项目所在地的闪电定位资料,分析闪电的逐月、逐时高发期分布情况,在闪电高发期时段内的施工及试运行应该重点采取防护措施。施工作业和弱电系统设备的安装、调试应关注雷暴高发期和时段,雷电发生时应停止外场一切作业,所有人员应尽量位于安装有防雷装置的建筑物之内,远离高耸建(构)筑物以及引下线装置,人员不要在空旷处停留。

施工期间临建设施及机械根据对应高度建(构)筑物的防雷设计要求需做防雷保护措施。

施工现场临时用电主干线应采用屏蔽电缆,屏蔽层两端应做接地处理。施工现场临时变压器高、低压侧应分别安装高、低压电源避雷器。对配电线路安装2～3级电源SPD,设计应注意SPD级间的能量配合。

在施工现场其他所有高耸的金属物体、避雷针附近设立警示牌,提醒人员雷雨时禁止靠近。雷雨天气不应使用电器和电话,在工房内应拔去所有外接插头。

制定防雷安全管理制度,并对施工人员进行防雷安全知识培训。

要注意防雷工程施工过程中的技术指导、监理和跟踪检测,确保防雷系统的安装。

7.5　防雷检测

项目投入运营以后要按照防雷检测规范由具有相应检测资质的单位承担定期检测工作,如项目所处地域雷电活动强烈,应增加对场所防雷装置的检查次数。尤其是在雷雨季节来临前进行检测,雷击事故发生后及时进行事故调查,确定隐患点,检测要点如下:

(1)检查外部防雷装置的电气连接,若发现有脱焊、松动、断路和锈蚀等,应进行相应的处理。

(2)检查各类SPD的运行情况,有故障指示、接触不良、漏电流过大、发热、绝缘不良、积尘等情况时应及时处理。

(3)后期增加的设备应考虑其防雷措施,并不破坏已有的防雷装置。

7.6 防雷应急

7.6.1 雷击事故应急处置

(1)制定应急预案。

(2)发生雷击事故后,岗位人员要沉着、镇静,第一时间启动应急预案,及时开展救助工作和妥善安置人员,并迅速安排人员保护现场,等待救援人员的到来。

(3)发生雷击事故后,应及时通知当地防雷减灾机构,由防雷减灾机构组织相关部门以及人员进行雷电灾害调查,做出雷灾鉴定。对雷灾的起因、影响、责任等应进行分析、调查和评估并总结经验教训。

(4)雷击事故发生后,要组织人员对邻近的设备管线的防雷装置进行仔细检查,避免雷击频繁发生。

7.6.2 雷击事故的伤害

雷击损害人体的生理效应大体有三种:

(1)强大的脉冲电流通过心脏时,受害者会出现血管痉挛、心搏骤停,严重时会出现心室纤维性颤动,使心脏供血功能发生障碍或心脏停止跳动;

(2)当雷电电流伤害大脑神经中枢时,使受害者停止呼吸;

(3)会造成电灼伤或肌肉闪电性麻痹,严重者导致死亡。

通常,被雷击中者会发生心脏停搏、呼吸停止的"假死"现象,如抢救及时,生还的概率在90%以上。因此,掌握雷击急救方法,及时施救非常关键。

7.6.3 雷电灼伤急救

(1)注意观察遭受雷击者有无意识丧失和呼吸、心搏骤停的现象,先进行心肺复苏抢救,再处理电灼伤创面。

(2)如果伤者遭受雷击引起衣服着火,可往其身上泼水,或者用厚外衣、毯子将身体裹住扑灭火焰。着火者也可在地上翻滚以扑灭火焰,或者趴在有水的洼地、池中熄灭火焰。

(3)电灼伤创面的处理,用冷水冷却伤处,然后盖上敷料。若无敷料可用清洁床单、被单、衣服等将伤处包裹后转送医院。

(4)原则上就近转送当地医院。如当地无条件治疗需要转送者,应掌握运送时机,要求伤者呼吸道通畅,无活动性出血,休克基本得到控制。转运途中要输液,采取抗休克措施,并注意减少途中颠簸。

7.6.4 "假死"人工呼吸急救

遭受雷击者出现雷击"假死"现象时,要立即组织现场抢救,将受伤者平置在地,进行口对口(鼻)人工呼吸,同时要做心外按摩,一般持续抢救的时间不少于40分钟。抢救的同时要立即拨打急救电话,通知急救中心派专业人员对受伤者进行有效的处置和抢救。

第8章 评估系统的设计及应用

8.1 评估系统的总体规划

根据雷电灾害风险评估的业务流程,当对建(构)筑物进行雷电灾害区域影响评估时需要考虑到诸多影响因子以及相关的数学计算,计算量大,而且容易出错,为此应考虑开发一套配套的软件,充分发挥计算机的优势。

通过综合比较与考虑,采用 Microsoft Visual Studio. Net 2008 为开发工具,Visual C# 作为开发语言,结合百度地图 API,SQL Server 2005 作为后台数据库,采用 MVC 结构的开发模式,实现对评估因子的参数设置、统计查询、风险计算以及自动生成雷电灾害评估报告等操作。

8.2 评估系统的功能体系

为了便于业务系统在以后的实际工作中实现部门联动,考虑系统管理与风险评估两大模块,其中系统管理主要面向具有较高操作权限的管理人员,针对一些基础性的数据字典一类的任务来设计,风险评估模块主要针对业务人员来进行设计,同时提供在风险评估时需要计算的电子电气系统分级、人员安全分析、防雷材料安全性分析以及接地电阻估算等功能。从而极大地提高了雷电灾害风险评估的工作效率和评估质量,下面两节主要是系统功能的简介。

8.2.1 评估系统的管理模块

本评估系统的管理平台主要功能有:权限管理、字典类型设置、字典管理、单位维护、部门维护、用户管理等子模块,系统管理界面如图 8-1 所示。

权限管理:用来设置系统角色的功能访问权限。角色的访问权限由权限设置控制,用户的访问权限由角色控制,界面如图 8-2 所示。

用户管理:用于添加、修改、配置、查看、删除系统用户,界面如图 8-3 所示。

角色管理:用于添加、修改、删除、配置系统角色,界面如图 8-4 所示。

图 8-1　风险评估系统的管理平台

图 8-2　管理系统的权限管理子模块

图 8-3　管理系统的用户管理子模块

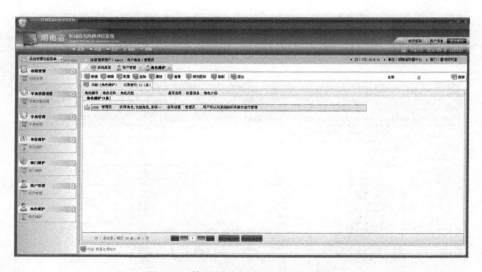

图 8-4　管理系统的角色管理子模块

8.2.2　评估系统的评估模块

本节主要介绍的是风险评估平台,它的主要功能模块有:风险评估属性设定、风险评估模板设定、项目设定、项目归档设定等子模块。根据建(构)筑物雷电灾害区域影响评估报告制作过程,依次介绍本系统的评估平台子模块。

　　提交新建项目研究报告是进行建(构)筑物雷电灾害区域影响评估的第一步,该步骤是根据项目可行性研究报告录入基础数据,如项目具体地址、经纬度、投资规模、占地面积以及所处位置的地形地貌等。完成提交后,若发现有需要完善和修改的地方,还可以在新建内容的基础上进行修改和保存。其操作界面如图 8-5 所示。

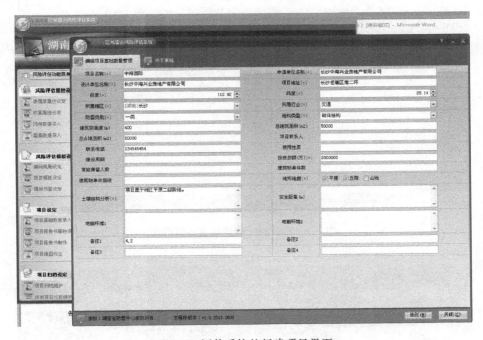

图 8-5　评估系统的新建项目界面

　　确定隶属度值是该评估方法的重要步骤,该步骤主要实现建(构)筑物雷电灾害区域影响评估体系中最底层指标的风险等级评价。将需要评价的定量指标参量值输入系统,系统可自动完成该指标风险等级隶属度的计算,计算的风险等级隶属度分布位于相邻的两个风险等级;而定性指标的参量值则根据项目具体情况,参照该指标风险等级标准直接选择,则其结果完全隶属于某一个风险等级。定量和定性指标的隶属度确定过程分别如图 8-6 和图 8-7 所示。

　　指标权重的计算实现评估指标体系中的指标权重分配,操作简单,准确率高。评估人员只需要参照风险等级隶属度将指标的两两比较判断矩阵输入系统,系统就可计算出最大特征值和最大特征值对应的特征向量值,最后通过一致性检验来检验两两比较判断矩阵的逻辑合理性,如果所输入的两两比较判断矩阵一致性检验不通过,则需要重置矩阵参数,直至计算出满意的权重分配为止。指标体系中每一层次的权重计算界面如图 8-8 所示。

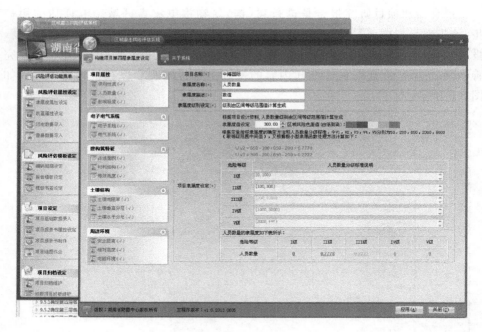

图 8-6　定量指标的隶属度计算界面

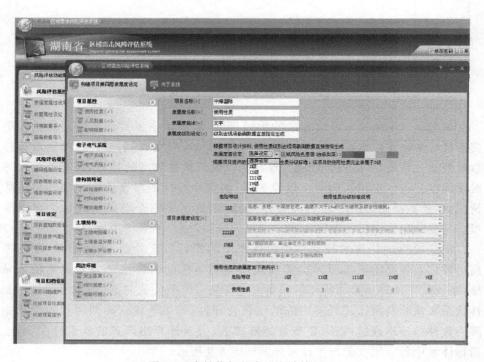

图 8-7　定性指标的隶属度计算界面

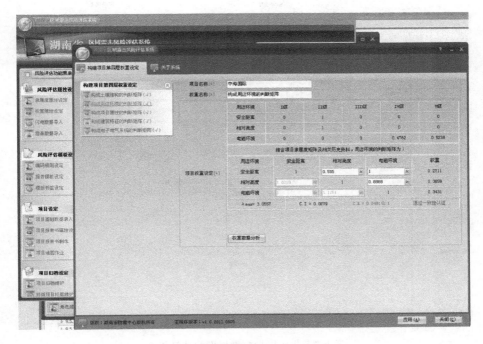

图 8-8　指标权重的计算界面

待同一级别的指标风险等级隶属度和权重计算出以后,分别对该级别的各类指标进行隶属度的综合计算,计算结果为上一级别隶属指标的隶属度。如三级指标使用性质、人员数量、影响程度的风险等级隶属度和权重分配值分别确定好以后,可以进行二级指标项目属性的隶属度计算,操作界面如图 8-9 所示。

指标风险等级隶属度和指标权重的计算是根据评估指标体系由下往上依次计算,先是三级指标,然后是二级指标,直至一级指标,待一级指标风险等级隶属度和指标权重的分配都计算出来后,进行最后的模糊综合计算,本项目的风险等级隶属度和最终的风险等级均可得到,如图 8-10 所示。

该系统的工程位置示意图查询实现了输入评估项目经纬度后,自动连接百度地图搜索目标位置,并实现截图和上传,操作界面如图 8-11 所示。

该系统的闪电特征分析模块实现了输入评估项目经纬度后,查询其周围 N km 范围内的地闪资料,并对查询出的地闪资料进行年平均地闪密度计算、雷电流幅值概率分布统计、闪电频数逐月统计以及闪电频数逐时统计等,并实现截图和上传,操作界面如图 8-12 至图 8-15 所示。

指标总权重统计是对风险来源以不同预警颜色显示出来,其不同风险来源的主次程度直观明了,这对项目方针对主要风险来源做出相应的对策和措施,更具有参考性,其界面如图 8-16 所示。

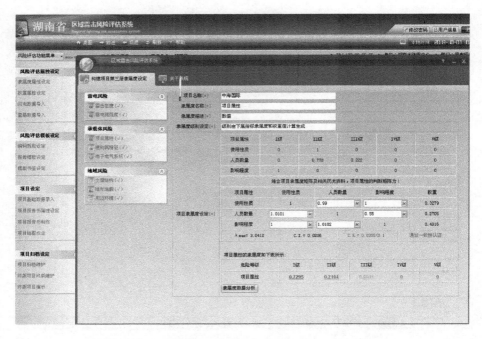

图 8-9　非底层指标隶属度的计算界面

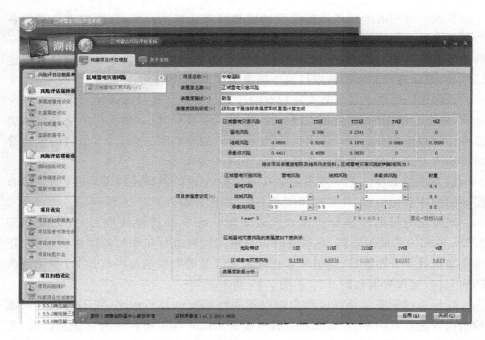

图 8-10　一级指标权重的计算界面

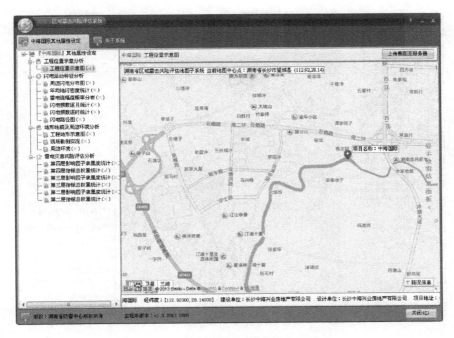

图 8-11　项目地理位置及周边环境查询界面

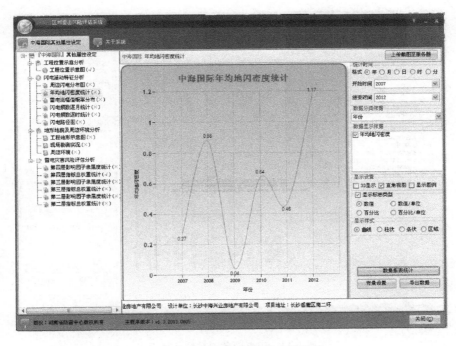

图 8-12　年平均地闪密度统计界面

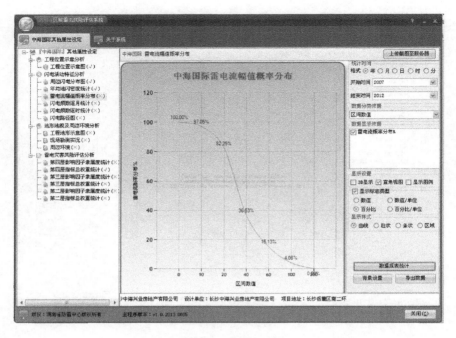

图 8-13　雷电流幅值概率分布统计界面

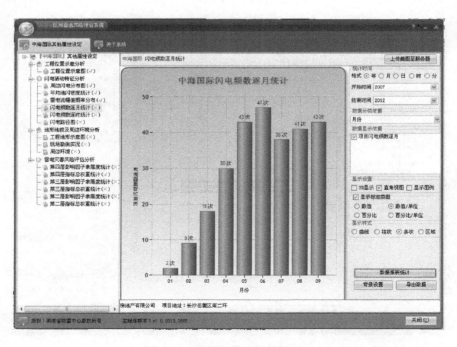

图 8-14　闪电频数逐月统计界面

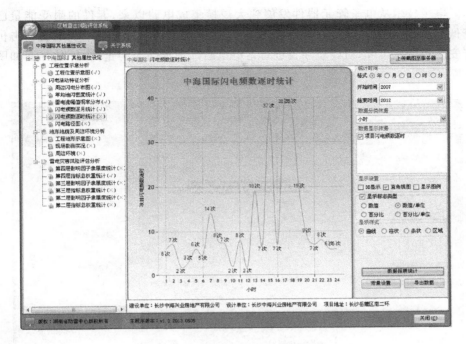

图 8-15　闪电频数逐时统计界面

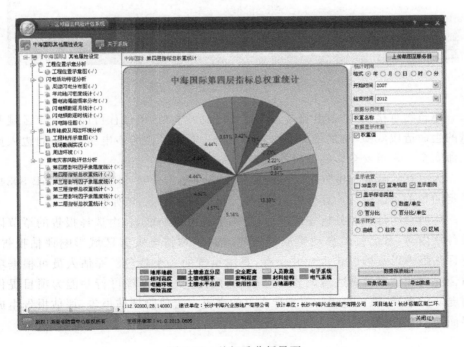

图 8-16　总权重分析界面

电子技术从电子管元器件发展到大规模集成电路以来,元件的耐受能量已降低很多,这就无法保证在特定的环境下,微电子设备和计算机系统遭受雷击仍能安全运行。因此,对建设项目进行雷电电磁环境评估尤为重要,评估界面如图8-17所示。

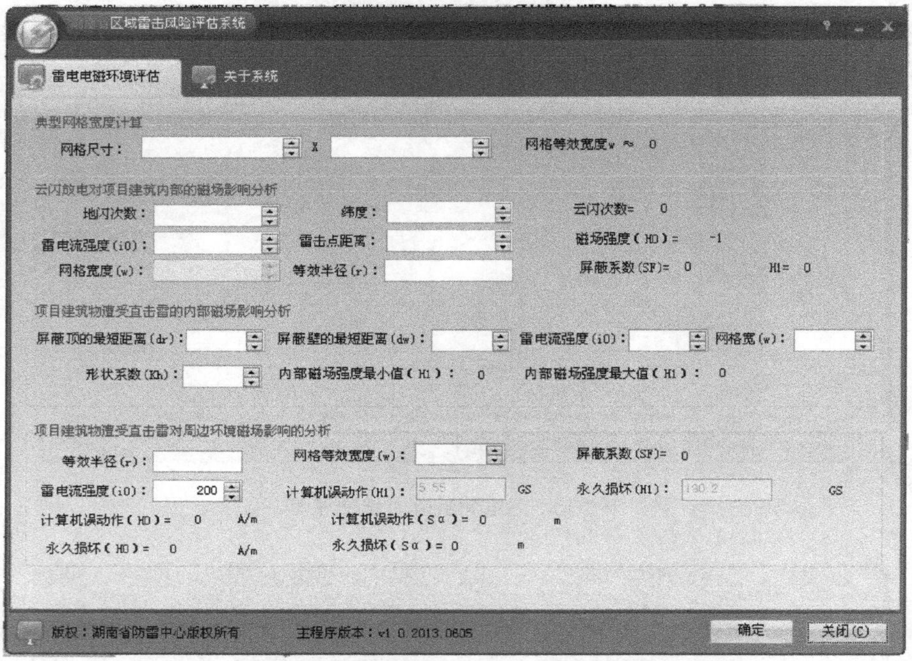

图8-17　电磁环境评估界面

建筑物直接接闪,雷电流通过防雷系统流经大地,该过程可能对泄流区域人员的生命造成威胁,特别是引下线入地点附近容易产生跨步电压,威胁周边人员生命安全。人员安全影响分析界面如图8-18所示。

为更有效地评估电气电子系统的雷击电涌防护等级,本系统根据GB 50343规定的相关条款进行计算分析,计算和分析过程如图8-19所示。

待所有的计算和分析完成以后,使用生成报告功能,自由选择报告的章节以及各章内容,系统就可自动生成一份建(构)筑物雷电灾害区域影响评估报告。将评估报告以文档形式生成并保存,是本系统的一个特色。评估人员可根据项目情况对评估报告做适当调整和修改,从而得到一份准确可行并能为项目提供雷电防护指导、施工过程防雷指导意见的雷电灾害风险评估报告,评估报告生成界面如图8-20所示。

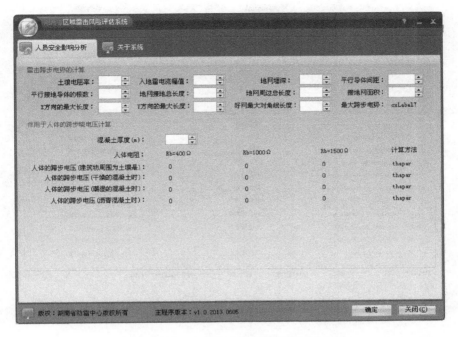

图 8-18　人员安全影响分析界面

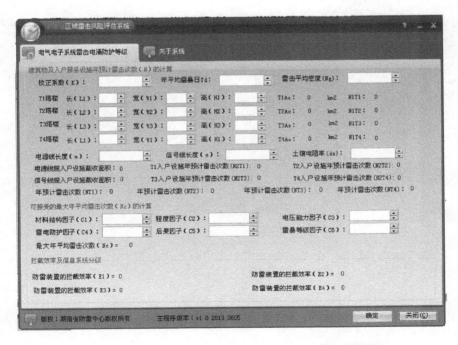

图 8-19　电气电子系统的雷击电涌防护等级计算和分析界面

图 8-20 评估报告的生成界面

第9章 超高层建筑应用实例

随着经济的快速发展和城市人口的急剧增长,建筑物的智能化和高层化已经成为城市发展的一种趋势,而建筑物的年平均雷击次数受建筑物尺寸和高度影响,同时建筑物内大量的电子信息系统对雷电尤为敏感,因此,高层或超高层建筑物比一般高度的建筑物遭受雷击的概率要大很多。

本章的超高层建筑——八方小区项目的案例分析介绍了如何进行现场采集数据,以及数据的处理和计算,对于高层或超高层住宅小区,其建筑高度对雷电的敏感性比较突出,是评估过程中关注的重点,除需要分析其自身建筑高度以外,还需要将项目四周的建(构)筑物在高度上与其进行比较,若是没有比项目本身的建筑高度高的建构筑,则该区域在发生雷击时,本项目是比较容易成为雷击对象的。

9.1 项目概况

八方小区二期项目位于长沙市岳麓区含光路北侧,金星路以东,岳华路以西,茶子山路以南,观沙路横穿用地中部,将用地分为东西 B、C 区两块(图 9-1 及图 9-2)。本项目总用地面积 431526 m²,净用地面积为 371411 m²。

B 区由 3 栋 3 层的商业楼(S1,S2,S3)、18 栋 27～33 层的高层住宅(B1～B18),12 栋 6 层的多层住宅(B19～B30),以及 1 个 2 层地下车库组成。幼儿园位于长沙市岳麓区八方小区二期公务员住宅小区。

C 区包括 29 栋 31～33 层高层住宅及配建的 4 个地下室;8 栋多层商业楼;1 栋物管楼。本项目总用地面积 188552.84 m²,净用地面积 17168.92 m²。

根据本项目初步设计资料,本小区建筑物除 B19～B30 栋(这 12 栋为三类防雷)外,其他防雷等级均为二类,利用结构基础内钢筋网作接地体,雷接地、电气设备的保护接地、弱电设备的工作接地等共用统一的接地极,要求接地电阻≤1 Ω。

图 9-1　八方小区工程项目位置示意图

图 9-2　八方小区工程项目效果图

9.2 技术文件

(1)八方小区二期总平面图;
(2)八方小区二期初步设计文件;
(3)八方小区二期地质勘察报告。

9.3 评估流程

分析项目所在地雷电环境、地形地貌特征、地质结构、受体易损性等,对土壤进行采样,提取相关参数,选取评估方式,综合计算和分析,提出防雷设计、施工期间及建成后运行期间的雷电安全防护措施及建议,流程图见图 9-3。

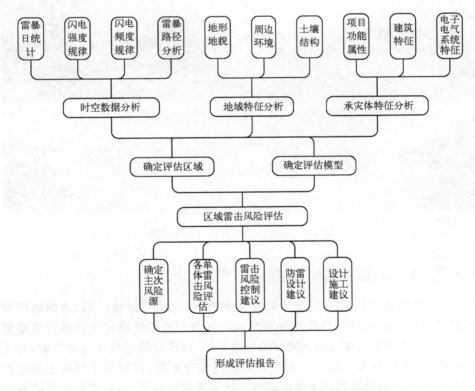

图 9-3 八方小区工程项目雷电灾害风险评估技术流程

9.4 现场勘察

9.4.1 地形地貌和周边环境

拟建场地中心位置为东经 112.9336°,北纬 28.242964°。

本工程 B 区拟建场地地貌单元属于浅变质岗丘地貌,地形上为低丘缓坡,起伏变化较大,整个场地总体呈东西两边高、中间低之势。

C 区地块内植被良好,并有部分水域,属于浅丘陵地形,地势呈南低北高,东北高,西南地势低,高差近 15m。项目西侧为小山坡,南侧为八方小区一期工程,东侧和北侧均为低层和多层建筑物。

图 9-4 八方小区工程项目拟建场地

9.4.2 综合土壤电阻率测量及结果分析

土壤电阻率是防雷工程设计的重要参数,也是估算接地电阻、地面电位梯度、跨步电压、接触电压,计算相邻近的电力线路和通信线路间电感耦合的重要参数之一。正因为土壤电阻率对接地的重要性,在进行接地设计与施工前,对土壤电阻率的测试以及对测试数据的分析显得尤为重要,但局限于目前土壤电阻率的测试方法,测试得到的土壤电阻率实际为视在电阻率,不是实际土层的真实电阻率,视在土壤电阻率是被测土壤所具有的各种不同地质电阻率的加权平均值。目前只有通过测试得到视在土壤率,通过数值、经验的方法来确定土壤的分层,以及每层土壤的大概厚度与电阻率。

项目组对现场的土壤电阻率进行了测量,测试结果如表 9-1 所示。

表 9-1　土壤电阻率测试值　　　　　　　　　　　　(单位:Ω·m)

测试点	东	南	西	北
28.242964°N,112.9336°E	94	89	169.7	87

从测试的土壤电阻率值来看,土壤电阻率高低值相差不大(约 80 Ω·m),可认为该项目拟建场地为单层土壤,计算土壤电阻率平均值为:

$$\rho_0 = 109.9(\Omega \cdot m)$$

根据 GB/T 21431—2008,因测量之前一直为晴天,土壤主体为红黄泥和耕型红色土壤,土层深厚,水质、空气质量较好,因此取季节修正系数 $\psi = 1.5$。

$$\rho = \rho_0 \times \psi = 109.9 \times 1.5 = 164.9(\Omega \cdot m)。$$

9.5　项目所在地雷电活动规律分析

9.5.1　长沙雷暴活动特征分析

长沙位于长江以南,湖南省的东部偏北。地处洞庭湖平原的南端向湘中丘陵盆地过渡地带,与岳阳、益阳、娄底、株洲、湘潭和江西萍乡接壤。总面积约 12000 km²。属亚热带季风湿润气候,平均气温 18.2 ℃,年平均降雨量 1400 mm,常年主导风向为西北风,夏季主导风向为南风。

长沙夏季多有局地强对流天气发生,强对流天气发生于中小尺度天气系统,空间尺度小,一般水平范围大约在十几千米至二三百千米,有的水平范围只有几十米至十几千米。其生命史短暂并带有明显的突发性,约为一小时至十几小时,较短的仅有几分钟至一小时。强对流天气来临时,经常伴随着电闪雷鸣、暴雨大风等恶劣天气,致使房屋倒毁,庄稼树木受到摧残,电信交通受损,甚至造成人员伤亡等,极为容易致灾。

统计 1980 年至 2010 年 31 年间长沙地面观测站雷暴发生路径记录,统计 8 个方位的雷暴发展路径,得到历年起始方向频率统计(表 9-2)和历年雷暴路径玫瑰图(图 9-5)。根据资料,长沙地区年平均雷电日数为 44.7 天,发生次数相对较多的雷暴主导移动方向依次为 NW(20.8%)、W(16.5%)、SE(16.2%)、S(11.4%)。另外在 10 月份 SW 方向明显占据主导地位,这种现象的形成既有大环境的影响,也有长沙局地强对流天气的原因。

表 9-2　雷暴起始方向出现频数(长沙 1980－2010 年)

月份\方向	N	NE	E	SE	S	SW	W	NW
1 月	4.6%	13.6%	4.6%	31.8%	13.6%	22.7%	9.1%	0.0%
2 月	7.6%	10.6%	1.5%	10.6%	4.6%	13.6%	10.6%	40.9%
3 月	4.7%	4.3%	3.5%	6.2%	15.2%	20.6%	17.9%	27.6%
4 月	3.6%	5.4%	3.9%	8.9%	9.2%	20.8%	22.3%	25.9%
5 月	8.2%	9.3%	6.6%	9.3%	13.1%	13.1%	18.0%	22.4%
6 月	9.2%	10.1%	6.3%	10.6%	11.1%	14.5%	15.0%	23.2%
7 月	11.5%	15.7%	8.3%	9.5%	10.7%	14.5%	15.1%	14.8%
8 月	8.8%	11.5%	12.4%	16.8%	14.1%	12.4%	10.6%	13.5%
9 月	11.0%	13.4%	6.1%	12.2%	6.1%	12.2%	28.1%	11.0%
10 月	0.0%	0.0%	0.0%	0.0%	0.0%	50.0%	25.0%	25.0%
11 月	5.3%	15.8%	0.0%	10.5%	5.3%	31.6%	15.8%	15.8%
12 月	64.5%	0.0%	0.0%	0.0%	3.2%	32.3%	0.0%	0.0%
全年	7.9%	9.8%	6.7%	10.7%	11.4%	16.2%	16.5%	20.8%

9.5.2　闪电活动特征分析

　　根据湖南省 2007 年至 2012 年闪电监测数据,统计项目中心位置 (28.242964°N,112.9336°E)周边 5 km 区域范围雷电数据,共监测到云地闪电 1873 条,其中正闪 37 条,负闪 1836 条,闪电雷电流强度分布如表 9-3 所示,雷电流累计概率分布如图 9-6 所示。

表 9-3　雷电流强度分布区间

强度区间(kA)	[0,10)	[10,20)	[20,40)	[40,60)	[60,100)	[100,200)	[200,∞)
发生次数(次)	42	551	959	222	75	19	5
百分比	2.24%	29.42%	51.20%	11.85%	4.00%	1.01%	0.27%

　　从地闪统计数据来看,闪电主要集中在 8 月份,逐时分布呈现单峰值分布,峰值为每天的午后 15 时。最大雷电流强度绝对值 332.8 kA,最小强度绝对值 0.3 kA,小于 5.4 kA 的闪电 8 条,占 0.43%,小于 10.1 kA 的闪电 42 条,占 2.24%,小于 15.8 kA 的闪电 290 条,占 15.48%,大于 100 kA 的闪电 24 条,占 1.28%,大于 150 kA 的闪电 8 条,占 0.43%,大于 200 kA 的闪电 5 条,占 0.27% (图 9-7,图 9-8)。

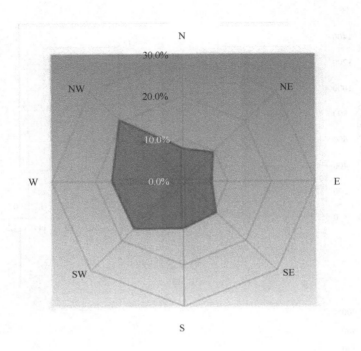

图 9-5　雷暴路径玫瑰图

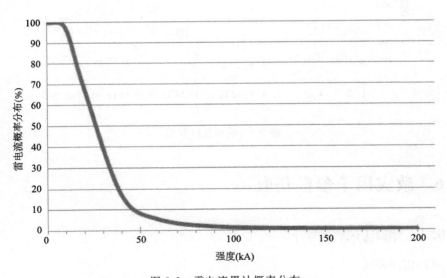

图 9-6　雷电流累计概率分布

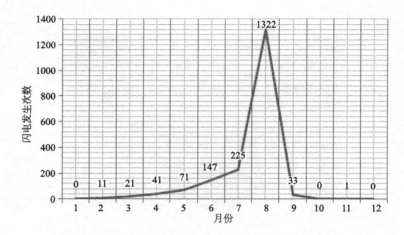

图 9-7　地闪逐月分布

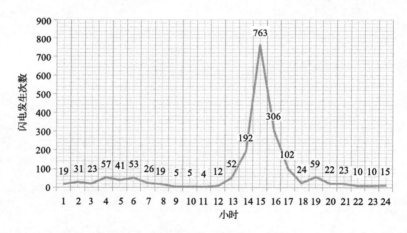

图 9-8　地闪逐时分布

9.6　致灾因子参数获取

9.6.1　雷电风险因子

（1）雷击密度

根据湖南省雷电监测预警综合业务平台查询的八方小区二期项目中心位置（28.242964°N，112.9336°E）周边 5 km 区域范围 2007—2012 年 6 年内的雷电数据,共监测到云地闪电 1873 条,则此区域范围的年平均雷击密度计算如公式 (9-1)所示。

$$N_r = \frac{1873}{6 \times \pi \times 25} = 3.898[\text{次}/(\text{a} \cdot \text{km}^2)] \tag{9-1}$$

则雷击密度参数为 $3.898[\text{次}/(\text{a} \cdot \text{km}^2)]$。

(2)雷电流强度

根据表 5-4 雷电流强度分级标准,如果是手动操作,则需要查询的八方小区二期项目中心位置($28.242964°$N,$112.9336°$E)周边 5 km 区域范围雷电数据明细统计,划分如表 5-4 所示的雷电流强度区间的闪电条数,然后再计算各雷电流强度区间雷电流条数占据总体闪电条数的比例。为确保统计的准确性和快速性,引用区域雷电灾害评估系统的查询和统计功能,在输入项目中心位置的经纬度之后,可自动实现雷电流强度区间的划分。

9.6.2 地域风险因子

(1)土壤电阻率

根据第 9.4.2 节土壤电阻率实测而来。现场测量土壤电阻率主要采用文纳四极法,根据项目现场具体条件,选择不同测试点,若是土壤电阻率没有突变情况,计算 N 个测试点的土壤电阻率平均值。

八方小区二期项目测试的土壤电阻率值如本书中表 9-1 所示,均分布在 $100\ \Omega \cdot m$ 左右,不存在突变情况,因此,可以对不同间距测量到的土壤电阻率进行算术平均,得出八方小区二期项目区域土壤电阻率平均值为:$\rho_0 = 109.9(\Omega \cdot m)$。根据 GB/T 21431—2008,因测量之前一直为晴天,土壤主体为红黄泥和耕型红色土壤,土层深厚,水质、空气质量较好,因此,取季节修正系数 $\psi = 1.5$,则 $\rho = \rho_0 \times \psi = 109.9 \times 1.5 = 164.9(\Omega \cdot m)$。

(2)土壤垂直分层

主要看项目水平方向上土壤性质的变化,八方小区二期项目基岩面起伏小,基本没有变化,则基本没有垂直分层。

(3)土壤水平分层

主要看项目区域地层是否分布均匀,查阅八方小区二期项目地勘报告,各个项目区域地层分布均匀,基本没有变化,则基本没有水平分层。

(4)地形地貌

查阅八方小区二期地勘报告,报告有说明拟建场地地貌单元属于浅变质岗丘地貌,地形上为低丘缓坡;且根据现场勘察,可明确项目附近区域并不是河边、湖边等潮湿地带,可确定本项目所在地的地形地貌为丘陵。

(5)安全距离

根据现场勘察,项目西侧为小山坡,南侧为八方小区一期工程,东侧和北侧均为低层和多层建筑物,附近周边 1 km 范围内没有影响评估项目的危化、危爆、易燃、油气、化工等危险场所或建(构)筑物。

(6)相对高度

根据现场勘察,记录评估区域外建(构)筑物的高度情况,南侧为八方小区一期工程,其与本次工程建筑物的高度相当,即评估区域外建(构)筑物或其他雷击可接闪物与评估区域内项目高度基本持平。

(7)电磁环境

根据现场勘察,记录评估区域外最有可能成为接闪物的建(构)筑物(如建筑高度最高)与八方小区二期项目的最短距离为 100 m 左右,根据本书中第 4.1.1 节电磁环境计算公式(4-6),求出周边最近高点遭受项目区域内历史最大雷电流强度 332.8 kA 时,其对应的磁感应强度 B_0,$B_0 = 2 \times 10^{-3} \times 332.8/0.1 = 6.66$ Gs,即电磁环境指标参数为 6.66 Gs。

9.6.3 承灾体风险因子

(1)使用性质

根据八方小区二期项目初步设计,其主要功能属于住宅,而且最高高度超过 100 m,对照本书中第 5.4 节承灾体的风险等级标准,八方小区二期项目的使用性质为建筑高度大于 100 m 的民用超高层建筑、智能建筑。

(2)人员数量

该指标指的是八方小区二期项目区域内常驻人员数量,查阅八方小区二期项目初步设计,项目预计总户数 2100 户,预计总人数为 7350 人(按 3.5 人/户)。即人员数量指标参数为 7350 人。

(3)影响程度

八方小区二期项目主要功能属于住宅,即区域内项目遭受雷击后一般不会产生危及区域外的爆炸或火灾危险。

(4)占地面积

根据八方小区二期项目总平面图,可直接获取到该项目的总用地面积 431526.87 m^2。

(5)材料结构

根据八方小区二期项目初步设计,可直接获取到该项目为钢筋混凝土剪力墙结构以及钢筋混凝土现浇楼盖,即建(构)筑物屋顶和主体结构为钢筋混凝土结构。

(6)等效高度

根据八方小区二期项目建筑设计图纸,测量到该项目内的 B5♯住宅楼最高高度达到 106.4m(包括该住宅楼顶部设施高度),即等效高度指标参数为

106.4 m。

（7）电子系统

按照八方小区二期项目的使用性质和功能设置，本项目的电子系统为电梯公寓、智能建筑的电子信息系统。

（8）电气系统

根据八方小区二期项目初步设计中电气设计部分，得知该项目消防泵、生活水泵、一类高层消防用电设备、公共照明、应急照明、生活水泵、高层住宅客梯和一类地下车库排污泵用电负荷等级为一级，其他用电负荷等级为三级，即电力负荷中有一级负荷、三级负荷；室外电压配电线路全部采用埋地敷设。

9.7 致灾因子隶属度确定

9.7.1 雷电风险因子

（1）雷击密度

根据本书中第 9.6.1 节得出项目周边地区雷击大地密度为 3.898 次/（a · km²），然后依照根据本书中第 4.2.1 节定量指标参数的隶属度计算方法，可以得出雷击密度的隶属度如表 9-4 所示。

需要说明的是，这里仅仅是指标参数获取和隶属度计算，还并未涉及模糊综合计算，计算过程已经比较烦琐，因此，为了能够得到准确的计算结果和节约人工成本，采用因本方法应运而生的区域雷电灾害评估系统来自动计算比较合理。

表 9-4 雷击密度隶属度

风险等级	Ⅰ级	Ⅱ级	Ⅲ级	Ⅳ级	Ⅴ级
雷击密度	0	0	0.112	0.898	0

（2）雷电流强度

通过区域雷电灾害评估系统对本项目所处位置 2007—2012 年的闪电定位系统监测数据进行统计，项目区域雷电流统计可知，雷电流强度隶属度如表 9-5 所示。

表 9-5 雷电流强度隶属度

风险等级	Ⅰ级	Ⅱ级	Ⅲ级	Ⅳ级	Ⅴ级
雷电流强度	0.053506	0.167897	0.402214	0.256458	0.119925

9.7.2　地域风险因子

（1）土壤电阻率

根据本书中第 9.6.2 节获取的土壤电阻率参数,土壤电阻率值为 164.9 Ω·m,引用区域雷电灾害评估系统对其进行计算并保存,土壤电阻率平均隶属度如表 9-6 所示。

表 9-6　土壤电阻率隶属度

风险等级	Ⅰ级	Ⅱ级	Ⅲ级	Ⅳ级	Ⅴ级
土壤电阻率	0	0	0	0.234	0.766

（2）土壤垂直分层

项目水平方向上土壤性质基本没有变化,基岩面起伏小,基本没有垂直分层。结合定量指标隶属度的确定方法和土壤垂直分层分级标准,该项目的区域土壤垂直分层完全隶属于Ⅰ级,如表 9-7 所示。

表 9-7　土壤垂直分层隶属度

风险等级	Ⅰ级	Ⅱ级	Ⅲ级	Ⅳ级	Ⅴ级
土壤垂直分层	1	0	0	0	0

（3）土壤水平分层

项目区域地层分布均匀,基本没有水平分层。结合定量指标隶属度的确定方法和土壤水平分层分级标准,该项目的区域土壤水平分层完全隶属于Ⅰ级,如表 9-8 所示。

表 9-8　土壤水平分层隶属度

风险等级	Ⅰ级	Ⅱ级	Ⅲ级	Ⅳ级	Ⅴ级
土壤水平分层	1	0	0	0	0

（4）地形地貌

根据第 9.6.2 节内容,八方小区二期场地为丘陵地形。结合定性指标隶属度的确定方法和地形地貌分级标准,可判断地形地貌的隶属度为Ⅱ级,具体见表 9-9。

表 9-9　地形地貌隶属度

风险等级	Ⅰ级	Ⅱ级	Ⅲ级	Ⅳ级	Ⅴ级
地形地貌	0	1	0	0	0

（5）安全距离

根据第 9.6.2 节内容，八方小区二期附近周边 1 km 范围内没有影响评估项目的危化、危爆、易燃、油气、化工等危险场所或建（构）筑物。结合定性指标隶属度的确定方法和安全距离分级标准，可判断出安全距离的隶属度为Ⅰ级，具体见表 9-10。

表 9-10　安全距离隶属度

风险等级	Ⅰ级	Ⅱ级	Ⅲ级	Ⅳ级	Ⅴ级
安全距离	1	0	0	0	0

（6）相对高度

根据第 9.6.2 节内容，评估区域外建（构）筑物或其他雷击可接闪物与评估区域内项目高度基本持平。结合定性指标隶属度的确定方法和相对高度分级标准，可判断出相对高度的隶属度为Ⅲ级，具体见表 9-11。

表 9-11　相对高度隶属度

风险等级	Ⅰ级	Ⅱ级	Ⅲ级	Ⅳ级	Ⅴ级
相对高度	0	0	1	0	0

（7）电磁环境

根据第 9.6.2 节内容，得出电磁影响的参数为 6.66 Gs。结合定量指标隶属度的确定方法和电磁影响分级标准，引用区域雷电灾害评估系统对其进行计算并保存，电磁环境的隶属度如表 9-12 所示。

表 9-12　电磁环境隶属度

风险等级	Ⅰ级	Ⅱ级	Ⅲ级	Ⅳ级	Ⅴ级
电磁环境	0	0	0	0.921	0.079

9.7.3　承灾体风险因子

（1）使用性质

根据第 9.6.3 节内容，八方小区二期项目的使用性质为建筑高度大于 100 m 的民用超高层建筑，结合定性指标隶属度的确定方法和使用性质分级标准，判断使用性质隶属等级如表 9-13 所示。

表 9-13　使用性质隶属度

风险等级	Ⅰ级	Ⅱ级	Ⅲ级	Ⅳ级	Ⅴ级
使用性质	0	0	1	0	0

（2）人员数量

根据第 9.6.3 节内容，八方小区二期项目的人员数量指标参数为 7350 人。根据定量指标隶属度的确定方法和人员数量分级标准，引用区域雷电灾害评估系统对其进行计算并保存，人员数量的隶属度如表 9-14 所示。

表 9-14　人员数量隶属度

风险等级	Ⅰ级	Ⅱ级	Ⅲ级	Ⅳ级	Ⅴ级
人员数量	0	0	0	0	1

（3）影响程度

根据第 9.6.3 节内容，八方小区二期项目主要功能属于住宅，区域内项目遭受雷击后一般不会产生危及区域外的爆炸或火灾危险。结合影响程度分级标准，完全隶属于Ⅰ级，具体见表 9-15。

表 9-15　影响程度隶属度

风险等级	Ⅰ级	Ⅱ级	Ⅲ级	Ⅳ级	Ⅴ级
影响程度	1	0	0	0	0

（4）占地面积

根据第 9.6.3 节内容，八方小区二期项目的占地面积指标参数为 431526.87 m²。结合定量指标隶属度的确定方法和占地面积分级标准，引用区域雷电灾害评估系统对其进行计算并保存，判定占地面积完全隶属于Ⅴ级，具体见表 9-16。

表 9-16　占地面积隶属度

风险等级	Ⅰ级	Ⅱ级	Ⅲ级	Ⅳ级	Ⅴ级
占地面积	0	0	0	0	1

（5）材料结构

根据第 9.6.3 节内容，八方小区二期项目建(构)筑物屋顶和主体结构为钢筋混凝土结构。结合定性指标隶属度的确定方法和材料结构分级标准，该项目的材料结构完全隶属于Ⅳ级，其材料结构的隶属度如表 9-17 所示。

表 9-17　材料结构隶属度

风险等级	Ⅰ级	Ⅱ级	Ⅲ级	Ⅳ级	Ⅴ级
材料结构	0	0	0	1	0

（6）等效高度

根据第 9.6.3 节内容，八方小区二期项目的等效高度指标参数为 106.4 m。结合定量指标隶属度的确定方法和等效高度分级标准，引用区域雷电灾害评估系统对其进行计算并保存，等效高度的隶属度如表 9-18 所示。

表 9-18　等效高度隶属度

风险等级	Ⅰ级	Ⅱ级	Ⅲ级	Ⅳ级	Ⅴ级
等效高度	0	0	0	0.7157	0.2843

（7）电子系统

根据第 9.6.3 节内容，八方小区二期项目的电子系统为电梯公寓、智能建筑的电子信息系统。结合定性指标隶属度的确定方法和电子系统的分级标准，其电子系统的隶属度如表 9-19 所示。

表 9-19　电子系统隶属度

风险等级	Ⅰ级	Ⅱ级	Ⅲ级	Ⅳ级	Ⅴ级
电子系统	0	1	0	0	0

（8）电气系统

根据第 9.6.3 节内容，八方小区二期项目主要电气系统为照明系统，且有一级、三级负荷，室外电压配电线路全部采用埋地敷设。结合定性指标隶属度的确定方法和结合电气系统分级标准知，该项目的电气系统隶属度如表 9-20 所示。

表 9-20　电气系统隶属度

风险等级	Ⅰ级	Ⅱ级	Ⅲ级	Ⅳ级	Ⅴ级
电气系统	0	0	1	0	0

9.8　致灾因子权重建立

根据层次分析法（AHP）原理，结合前面各章节关于雷电环境、地域特征、项目属性等资料的综合分析，将第二层、第三层、第四层各致灾因子权重设定如下。

9.8.1 确定第四层各指标的相对权重

(1)构造土壤结构的判断矩阵

土壤结构的隶属度矩阵为如表 9-21 所示。

表 9-21 土壤结构的下属指标隶属度矩阵

C_{21}土壤结构	Ⅰ级	Ⅱ级	Ⅲ级	Ⅳ级	Ⅴ级
土壤电阻率	0	0	0	0.234	0.766
土壤垂直分层	1	0	0	0	0
土壤水平分层	1	0	0	0	0

结合土壤结构隶属度矩阵及相关历史资料,土壤结构的判断矩阵及对应的权重等数据见表 9-22 所示。

表 9-22 土壤结构的判断矩阵和权重

C_{21}土壤结构	土壤电阻率	土壤垂直分层	土壤水平分层	权重$W_{C_{21}}$
土壤电阻率	1	8	8	0.8
土壤垂直分层	0.125	1	1	0.1
土壤水平分层	0.125	1	1	0.1
$\lambda_{max}=3$	$CI=0$		$CR=0<0.1$通过一致性验证	

分析土壤结构的三个下属指标的隶属度及权重,可知土壤电阻率对土壤结构的影响最大,土壤垂直分层和土壤水平分层影响相当。

同时根据上述的隶属度与权重,依据 $B=W \cdot R$ 公式,计算出土壤结构的隶属度 B,如表 9-23 所示。

需要说明的是,上述判断矩阵的权重计算、一致性验证以及结合隶属度与权重的模糊综合评判,都是通过区域雷电灾害评估系统计算和保存的,其结果迅速且准确。

表 9-23 土壤结构隶属度

风险等级	Ⅰ级	Ⅱ级	Ⅲ级	Ⅳ级	Ⅴ级
土壤结构	0.2	0	0	0.3822	0.4178

(2)构造周边环境的判断矩阵

周边环境的隶属度矩阵如表 9-24 所示。

表 9-24   周边环境的下属指标隶属度矩阵

C_{23}周边环境	Ⅰ级	Ⅱ级	Ⅲ级	Ⅳ级	Ⅴ级
安全距离	0	1	0	0	0
相对高度	0	0	1	0	0
电磁影响	0	0	0	0.921	0.079

结合周边环境隶属度矩阵及相关历史资料,周边环境的判断矩阵及对应的权重等结果如表 9-25 所示。

表 9-25   周边环境的判断矩阵和权重

C_{23}周边环境	安全距离	相对高度	电磁影响	权重 $W_{C_{23}}$
安全距离	1	0.6	0.4286	0.1987
相对高度	1.6667	1	0.625	0.3167
电磁影响	2.3332	1.6	1	0.4846
$\lambda_{max}=3.002$	$CI=0.001$		$CR=0.0017<0.1$ 通过一致性验证	

分析周边环境的三个下属指标的隶属度及权重,可知电磁影响对周边环境的影响最大,其次是相对高度,安全距离的影响能力最小。

同时根据上述的隶属度与权重,计算出周边环境的隶属度如表 9-26 所示。

表 9-26   周边环境隶属度

风险等级	Ⅰ级	Ⅱ级	Ⅲ级	Ⅳ级	Ⅴ级
周边环境	0	0.1987	0.3167	0.4546	0.03

(3)构造项目属性的判断矩阵

项目属性的隶属度矩阵如表 9-27 所示。

表 9-27   项目属性的下属指标隶属度矩阵

C_{31}项目属性	Ⅰ级	Ⅱ级	Ⅲ级	Ⅳ级	Ⅴ级
使用性质	0	1	0	0	0
人员数量	0	0	0	0	1
影响程度	1	0	0	0	0

结合项目属性隶属度矩阵及相关历史资料,项目属性判断矩阵和权重计算结果如表 9-28 所示。

表 9-28　项目属性的判断矩阵和权重

C_{31} 项目属性	使用性质	人员数量	影响程度	权重 $W_{C_{31}}$
使用性质	1	0.3333	3	0.2308
人员数量	3	1	9	0.6923
影响程度	0.3333	0.1111	1	0.0769
$\lambda_{max}=3$	$CI=0$		$CR=0<0.1$ 通过一致性验证	

　　分析项目属性的三个下属指标的隶属度及权重,可知人员数量对项目属性的影响最大,其次是使用性质,影响程度的影响能力最小。

　　同时根据上述的隶属度与权重,计算出项目属性的隶属度如表 9-29 所示。

表 9-29　项目属性隶属度

风险等级	Ⅰ 级	Ⅱ 级	Ⅲ 级	Ⅳ 级	Ⅴ 级
项目属性	0.0769	0.2308	0	0	0.6923

　　(4)建构筑特征的判断矩阵

　　综上所述,建构筑特征的隶属度矩阵如表 9-30 所示。

表 9-30　建构筑特征的下属指标隶属度矩阵

C_{32} 建构筑特征	Ⅰ 级	Ⅱ 级	Ⅲ 级	Ⅳ 级	Ⅴ 级
占地面积	0	0	0	0	1
材料结构	0	0	0	1	0
等效高度	0	0	0	0.7157	0.2843

　　建构筑特征的判断矩阵和权重计算结果如表 9-31 所示。

表 9-31　建构筑特征的判断矩阵和权重

C_{32} 建构筑特征	占地面积	材料结构	等效高度	权重 $W_{C_{32}}$
占地面积	1	1.2857	1.125	0.3742
材料结构	0.7777	1	0.7777	0.2798
等效高度	0.8888	1.2857	1	0.3459
$\lambda_{max}=3.0016$	$CI=0.0008$		$CR=0.0013<0.1$ 通过一致性验证	

　　分析建构筑特征的三个下属指标的隶属度及权重,可知占地面积和等效高度对建构筑特征的影响最大,其次是材料结构。

　　同时根据上述的隶属度与权重,计算出建构筑特征的隶属度如表 9-32 所示。

表 9-32　建(构)筑物特征隶属度

风险等级	Ⅰ 级	Ⅱ 级	Ⅲ 级	Ⅳ 级	Ⅴ 级
建构筑特征	0	0	0	0.5274	0.4725

(5)构造电子电气系统的判断矩阵

电子电气系统的隶属度矩阵如表 9-33 所示。

表 9-33　电子电气系统的下属指标隶属度矩阵

C_{33}线路系统	Ⅰ 级	Ⅱ 级	Ⅲ 级	Ⅳ 级	Ⅴ 级
电子系统	0	0	0	0.7157	0.2843
电气系统	0	0	1	0	0

电子电气系统的判断矩阵和权重计算结果如表 9-3 所示。

表 9-34　电子电气系统的判断矩阵和权重

C_{33}电子电气系统	电子系统	电气系统	权重 $W_{C_{33}}$
电子系统	1	0.6	0.375
电气系统	1.6667	1	0.625
$\lambda_{max}=2$		$CI=0$	$CR=0<0.1$ 通过一致性验证

分析电子电气系统的两个下属指标的隶属度及权重,可知电气系统影响较大,而电子系统的影响则小些。

同时根据上述的隶属度与权重,计算出电子电气系统的隶属度如表 9-35 所示。

表 9-35　电子电气系统隶属度

风险等级	Ⅰ 级	Ⅱ 级	Ⅲ 级	Ⅳ 级	Ⅴ 级
电子电气系统	0	0.375	0.625	0	0

9.8.2　确定第三层各指标的相对权重

(1)构造雷电危险的判断矩阵

雷电风险的隶属度矩阵如表 9-36 所示。

表 9-36　雷电风险的下属指标隶属度矩阵

B_1雷电风险	Ⅰ 级	Ⅱ 级	Ⅲ 级	Ⅳ 级	Ⅴ 级
雷击密度	0	0	0.112	0.898	0
雷电流强度	0.053506	0.167897	0.402214	0.256458	0.119925

结合雷电风险隶属度矩阵及相关历史资料,雷电风险的判断矩阵和权重计算结果如表 9-37 所示。

表 9-37　雷电风险的判断矩阵和权重

B₁雷电风险	C₁₁雷击密度	C₁₂雷电流强度	权重 W_{B_1}
雷击密度	1	0.625	0.385
雷电流强度	1.6	1	0.615
$\lambda_{max}=2$	$CI=0$		$CR=0<0.1$ 通过一致性验证

分析雷电风险下的两个下属指标的隶属度及权重,可知雷电流强度影响程度稍大,雷击密度稍小。

同时根据上述的隶属度与权重,计算出雷电风险的隶属度如表 9-38 所示。

表 9-38　雷电风险隶属度

风险等级	Ⅰ 级	Ⅱ 级	Ⅲ 级	Ⅳ 级	Ⅴ 级
雷电风险	0.0329	0.1725	0.5629	0.1578	0.0738

(2)构造地域风险的判断矩阵

地域风险的隶属度矩阵如表 9-39 所示。

表 9-39　地域风险的下属指标隶属度矩阵

B₂地域风险	Ⅰ 级	Ⅱ 级	Ⅲ 级	Ⅳ 级	Ⅴ 级
土壤结构	0.2	0	0	0.3822	0.4178
地形地貌	0	1	0	0	0
周边环境	0	0.1987	0.3167	0.4546	0.03

结合地域风险隶属度矩阵及相关历史资料,地域风险的判断矩阵和权重计算结果如表 9-40 所示。

表 9-40　地域风险的判断矩阵和权重

B₂地域风险	C₂₁土壤结构	C₂₂地形地貌	C₂₃周边环境	权重 W_{B_2}
土壤结构	1	2.3333	0.8333	0.3869
地形地貌	0.4285	1	0.4285	0.1762
周边环境	1.2	2.3333	1	0.4369
$\lambda_{max}=3.0037$	$CI=0.0018$		$CR=0.0032<0.1$ 通过一致性验证	

分析地域风险下的三个下属指标的隶属度及权重,可知周边环境对地域风险的影响最大,其次是土壤结构,影响最小的是地形地貌。

同时根据上述的隶属度与权重,计算出地域风险的隶属度如表 9-41 所示。

表 9-41　地域风险隶属度

风险等级	Ⅰ级	Ⅱ级	Ⅲ级	Ⅳ级	Ⅴ级
地域风险	0.0774	0.263	0.1384	0.3465	0.1747

(3)构造承灾体风险的判断矩阵

承灾体风险的隶属度矩阵如表 9-42 所示。

表 9-42　承灾体风险的下属指标隶属度矩阵

B_3承灾体风险	Ⅰ级	Ⅱ级	Ⅲ级	Ⅳ级	Ⅴ级
项目属性	0.0769	0.2308	0	0	0.6923
建构筑特征	0	0	0	0.5274	0.4725
电子电气系统	0	0.375	0.625	0	0

承灾体风险的判断矩阵和权重计算结果如表 9-43 所示。

表 9-43　承灾体风险的判断矩阵和权重

B_3承灾体风险	项目属性	建(构)筑物特征	电子电气系统	权重 W_{B_3}
项目属性	1	1.1428	2	0.4254
建构筑特征	0.875	1	1.4	0.3455
电子电气系统	0.5	0.7142	1	0.2291
$\lambda_{max}=3.0056$	$CI=0.0028$	$CR=0.0048<0.1$ 通过一致性验证		

分析承灾体风险下的三个下属指标的隶属度及权重,可知项目属性对承灾体风险的影响较大,其次是建(构)筑物特征,影响最小的是电子电气系统。

同时根据上述的隶属度与权重,计算出承灾体风险的隶属度如表 9-44 所示。

表 9-44　承灾体风险隶属度

风险等级	Ⅰ级	Ⅱ级	Ⅲ级	Ⅳ级	Ⅴ级
承灾体风险	0.0327	0.1841	0.1432	0.1822	0.4577

9.8.3　确定第二层各指标的相对权重

构造区域雷电灾害风险的判断矩阵。

区域雷电灾害风险的隶属度如表 9-45 所示。

表 9-45   区域雷电灾害风险的下属指标隶属度

B 区域雷电灾害风险	Ⅰ 级	Ⅱ 级	Ⅲ 级	Ⅳ 级	Ⅴ 级
雷电风险	0.0329	0.1725	0.5629	0.1578	0.0738
地域风险	0.0774	0.263	0.1384	0.3465	0.1747
承灾体风险	0.0327	0.1841	0.1432	0.1822	0.4577

因此，结合区域雷电灾害风险隶属度矩阵及相关历史资料，区域雷电灾害风险的判断矩阵和权重计算结果如表 9-46 所示。

表 9-46   第二层指标的判断矩阵和权重

一级指标	雷电风险	地域风险	承灾体风险	权重 W_B
雷电风险	1	0.7143	0.625	0.2499
地域风险	1.4	1	0.8571	0.3475
承灾体风险	1.6	1.1667	1	0.4026
$\lambda_{\max}=3$	$CI=0$		$CR=0<0.1$ 通过一致性验证	

同时根据上述的隶属度与权重，计算出区域雷电灾害风险的隶属度如果表 9-47 所示。

表 9-47   区域雷电灾害风险隶属度

风险等级	Ⅰ 级	Ⅱ 级	Ⅲ 级	Ⅳ 级	Ⅴ 级
区域雷电灾害风险	0.0652	0.2362	0.2133	0.2256	0.2598

9.9   区域雷电灾害风险小结

根据上述的区域雷电灾害风险隶属度，结合最终计算得到Ⅰ级、Ⅱ级、Ⅲ级、Ⅳ级、Ⅴ级的隶属度 r_1、r_2、r_3、r_4、r_5。

则根据综合评价 $g=r_1+3r_2+5r_3+7r_4+9r_5$，求出 $g\approx5.7577$。

根据本书中第 5.1 节目标风险等级的划分，可以得出本项目雷电灾害风险处于风险等级Ⅲ级，具有中等风险。

9.10   各致灾因子占区域雷电灾害总风险的贡献分析

根据本章的计算分析，绘制各致灾因子占总目标的权重如下：

项目雷电风险的主要影响因子依次为雷电流强度（15.39%）、人员数量（11.87%）、土壤电阻率（10.77%）、雷击密度（9.62%）、电磁环境（7.36%）等，应

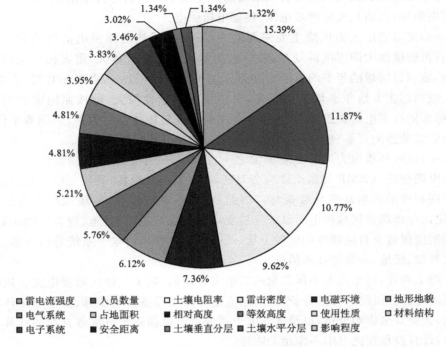

图 9-9　八方小区二期第四层指标各致灾因子占目标总权重

针对以上因素，在设计和施工中采取针对性措施。

（1）针对上述分析结果，雷电流强度为风险主要来源之一，它反映了该区域发生雷击时可能产生的雷电流大小，雷电流强度越大，雷击致灾的后果就越严重，损失也就越严重。目前，人类基本不能人为地阻挡它的产生，只能尽量避免它可能带来的危害，因此，区域建（构）筑物内各种金属导体，室内、室外的雷电敏感设施、设备等，应尽量远离接闪器、引下线、接地网等防雷设施，敏感电子系统尽量布局在较低楼层。

（2）人员数量也为风险主要来源之一，该住宅小区规模大，居住人口多，因此，项目内部的户外公共区域防雷设施、装置的附近须留有符合相关规范、标准要求的电气安全距离，并设置安全警告牌，需充分考虑接触电压、跨步电压、高电位反击等雷击效应的危害，并设置相应的安全措施，另外，还需加强雷电防护知识及雷击触电急救措施知识宣传，提高人员防雷意识，培养急救能力。

（3）土壤电阻率也为风险主要来源之一，土壤电阻率是设计防雷接地工程的一个重要参数，直接影响接地电阻的大小、地网地表电位分布、跨步电压和接触电压的大小。由于该项目区域内土壤电阻率偏低，给地网设计带来便利，但地表土壤电阻率偏低易于遭受雷击，为了改善地表电位分布、降低跨步电压和接触电压,可考虑在地表铺设一层砾石或采用沥青混凝土的路面等技术措施,加大地表土壤电阻率,以防止人体跨步电压、接触电压触电。

(4)雷击密度也为风险主要来源之一,它反映了该区域雷电活动的频繁程度,雷击密度越大即雷电活动越频繁,雷击致灾可能性就越大,雷灾损失也就越严重,该项目区域的年平均雷击密度为 3.898 次/(a· km²),隶属于Ⅲ级、Ⅳ级,此区域内雷击大地年平均密度较高,雷击致灾可能性较大,须按照国家相关规范、标准做好雷电防护措施,在雷雨季节加强雷电防护措施的维护、检测等工作,确保防雷装置的可靠、稳定,关注气象台发布的雷电预警预报信息。

(5)电磁环境也为风险主要来源之一,区域外一定范围内遭受雷击,产生的强大电磁感应、LEMP 等雷击效应会对区域内的设施、设备,特别是电子系统,产生不同程度的影响甚至导致损坏。因此,在电磁环境Ⅳ级、Ⅴ级风险等级情况下,建议合理调整区域内电子系统等易受电磁干扰的系统、设施、设备等的布局,最大限度规避来自区域外的电磁干扰,同时需加强区域内电子系统等的屏蔽、等电位连接、接地、分流等技术措施。

综上所述,对于八方小区二期的雷电灾害评估,除了上述区域雷电灾害风险等级的计算和风险来源的分析以外,还应进行防雷设备材料验算、雷电电磁环境评估、人员安全影响分析,以及电气电子系统雷击电涌防护等级等方面的计算和分析,计算过程在此书中不作相关陈述。

第 10 章　轨道交通应用实例

近年来,因雷电造成的地铁运行事故时有发生,比如:

2003 年上海地铁列车机车的逆变器遭到雷电冲击波影响而损坏,2008 年因雷击造成供电中断;

2010 年 7 月 22 日南京地铁一号线南延线因遭到雷击,造成供电接触网两次故障,4 列车因接触网断电而延误运营;

2011 年 4 月 22 日 14 时 30 分左右,北京地铁 10 号线地面信号设备遭到雷击,一块电路板被击穿,直接影响线路运营。

分析以上事例可以发现:雷电对地铁的危害形式主要为雷电直接击中服务设施或行驶车辆,或通过电磁脉冲形式干扰敏感电气电子设备,造成建构筑损坏、人员伤亡、电气电子设备损坏,以及地铁业务中断。其中,位于地面以上的建(构)筑物尤其容易遭受雷电威胁,需要加强雷电灾害风险评估工作。

10.1　项目概况

长沙市轨道交通 2 号线一期工程西起望城坡站,东至光达站,沿枫林路,跨越湘江,之后沿五一大道到达长沙火车站,再南往体育公园,之后到达武广长沙站(长沙南站),最后终止于光达站(图 10-1)。全线总长 22.262 km,均为地下线,共设站 19 座,平均站间距 1.172 km。其中,在体育新城站和西湖公园站设立主变电站,在杜花路站附近设控制中心,在东端设黄兴车辆段与综合基地。工程于2009 年 9 月 28 日开工,计划 2013 年 10 月开始试运营。

根据合同要求,本报告只针对轨道交通 2 号线的体育新城变电站、西湖公园变电站、黄兴车辆段与维修基地、控制中心四个项目所在区域进行雷电灾害风险评估,四个项目所在区域在长沙的位置见图 10-2。

体育新城 110 kV 变电站是轨道交通 2 号线的电力配套工程,变电站位于长沙城东体育新城附近的劳动路南侧(图 10-3)。变电工程建筑及道路总占地约为1750 m²,主要供电区域为轨道交通 2 号线的东段,并预留将来 5 号线的供电间隔,规划容量为远期 2×63 MVA,本期 2×40 MVA。110 kV 主设备采用六氟化硫绝缘全封闭组合电器(简称 GIS),电源进线为远期 2 回,本期 2 回。所有35 kV 出线均为电缆出线,35 kV 最终出线 16 回,本期 8 回,电缆引出站外。

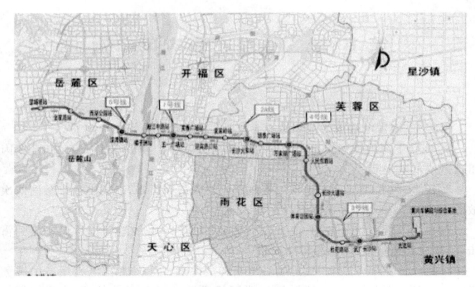

图 10-1　长沙市轨道交通 2 号线位置示意图

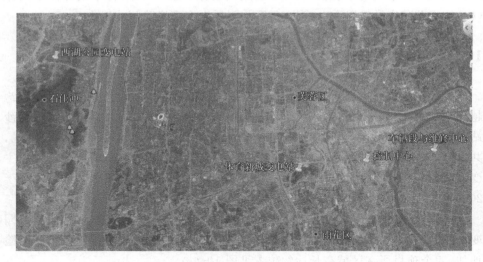

图 10-2　长沙市轨道交通 2 号线一期工程四个项目所在区域位置示意图

长沙轨道交通 2 号线西湖 110 kV 变电站是轨道交通 2 号线的电力配套工程,变电站位于长沙市河西西湖公园南侧,枫林路北侧(图 10-4)。变电工程建筑及道路总征地面积约为 50 m×37 m,共 1850 m²。主要供电区域为轨道交通 2 号线的西段,并预留将来 5 号线的供电间隔。规划容量为远期 2×63 MVA,本期 2×40 MVA。110 kV 电源进线为远期 2 回,本期 2 回。

图 10-3　长沙市轨道交通 2 号线一期工程体育新城变电站位置示意图

图 10-4　长沙市轨道交通 2 号线一期工程西湖公园变电站位置示意图

　　长沙市轨道交通 2 号线一期工程车辆段与维修中心项目位于长沙县黄兴镇,位置示意图见图 10-5。

　　黄兴车辆段与综合基地主要承担 2 号线部分车辆的停车列检、月检等运用任务,承担 1、2、3 号线全部车辆的厂/架修任务,2 号线全部车辆的定/临修任务;设综合维修中心负责 2 号线各系统的维修、维护任务;设物资总库以满足 2 号线运营的需要;设培训中心负责全线网职工的培训。

　　黄兴车辆段与综合基地由运用库、检修主厂房、物资总库、调机及工程车库、蓄电池间及压缩空气站、汽车库、牵引降压混合变电所、杂品库、试车机具间、办公及培训楼、综合维修中心楼,以及食堂、浴室及公寓楼、污水处理站等生产生活房屋及相关室外构筑物组成。

黄兴车辆段与综合基地围墙内占地面积 268230 m²，新建房屋总建筑面积为 93666 m²。

区域原为农田和水池，现已完成场地平整，有高压线横穿项目区域，周边大部分为民居建构筑，无其他更高建构筑。

图 10-5 长沙市轨道交通 2 号线一期工程车辆段与维修中心位置示意图

长沙市轨道交通 2 号线一期工程控制中心项目位于长沙市黎托路与杜花路交汇处、长沙高铁南站对面，位置示意图见图 10-6。

图 10-6 长沙市轨道交通 2 号线一期工程控制中心位置示意图

　　长沙市轨道交通运营控制中心是长沙市地铁 1、2、3、4、5 号线的运营监控中心，并具备防灾应急指挥功能，是 1、2、3、4、5 号线机电系统中央设备所在地。控制中心由主楼和裙楼构成，用地面积 12000 m²，建筑面积 53726.4 m²。主楼为地上 26 层，地下 3 层的钢混框架剪力墙结构建构筑，裙楼为地上 5 层、地下 3 层的钢混框架结构建构筑。

10.2　技术文件

　　(1)长沙市轨道交通 2 号线一期工程体育新城变电站项目可行性研究报告；
　　(2)长沙市轨道交通 2 号线一期工程体育新城变电站项目地勘设计图纸；
　　(3)长沙市轨道交通 2 号线一期工程西湖公园变电站项目可行性研究报告；
　　(4)长沙市轨道交通 2 号线一期工程西湖公园变电站项目地勘设计图纸；
　　(5)长沙市轨道交通 2 号线一期工程车辆段与维修中心项目可行性研究报告；
　　(6)长沙市轨道交通 2 号线一期工程车辆段与维修中心项目地勘设计图纸；
　　(7)长沙市轨道交通 2 号线一期工程控制中心项目可行性研究报告；
　　(8)长沙市轨道交通 2 号线一期工程控制中心项目地勘设计图纸。

10.3　评估流程

　　分析项目所在地雷电环境、地形地貌特征、地质结构、受体易损性等，对土壤进行采样，提取相关参数，选取评估方式，综合计算和分析，提出防雷设计、施工期间及长沙市轨道交通 2 号线一期工程项目建成后运行期间的雷电安全防护措施及建议，总体流程参照图 9-3。

10.4　现场勘察

10.4.1　体育新城变电站地形地貌和周边环境

　　体育新城变电站项目位于体育路与劳动东路交界处西南角。所处地域为丘陵地带，原始地域中项目北侧为小池塘，现已被填平。场地位于山腰至山脚之间，周边有树木高于建构筑(图 10-7)。
　　原始地貌为湘江冲积阶地剥蚀残丘，现场地形较平缓。项目西北面为劳动东路与古曲路的交界口，有少量低矮建构筑，北侧为劳动东路，东侧为游泳馆、羽毛球馆等体育设施，南侧为曲塘路，西侧为少量高层住宅小区(图 10-8)。

图 10-7　体育新城变电站地形示意图

项目东侧

项目西侧

项目南侧

项目北侧

图 10-8　体育新城变电站周边环境示意图

10.4.2　西湖公园变电站周边环境

　　西湖公园变电站建设项目位于长沙市西湖公园南侧,望城坡以东,场地为丘陵地带。项目区域西侧为小土丘,南侧为公路,东侧及北侧均为西湖水域,南侧有少量高层住宅(图 10-9 和图 10-10)。

图 10-9　西湖公园变电站地形示意图

项目东侧

项目西侧

项目南侧

项目北侧

图 10-10　西湖公园变电站周边环境示意图

10.4.3　车辆段与维修基地周边环境

　　车辆段与维修基地项目位于长沙市长沙县黄兴镇,项目原始区域为农田和水塘,现已被整平,土壤中含水率较高,周边除高压线外无其他更高建构筑(图10-11和图10-12)。

图 10-11　车辆段与维修基地地形示意图

图 10-12　车辆段与维修基地周边环境示意图

10.4.4　控制中心周边环境

　　控制中心位于湖南高铁站北面空地,地形为平原地形,周边多空地、农田、低矮厂房、民居建构筑(图10-13和图10-14)。

图 10-13　控制中心地形示意图

图 10-14　控制中心周边环境示意图

10.5 土壤电阻率勘测与分析

10.5.1 体育新城变电站现场勘察及测量结果

根据场地特点,体育新城变电站测试点选取东西向布点,测试现场实况见图 10-15,其结果如表 10-1 所示。

图 10-15 体育新城现场实况图

表 10-1 土壤电阻率测试值 （单位:Ω·m）

测试方向	桩间距 3 m	桩间距 5 m	桩间距 10 m	桩间距 15 m
东西向	37.6	94.2	157.0	95.7

根据现场测试点的土壤电阻率值,计算土壤电阻率平均值为:

$$\rho_0 = 96.1(\Omega \cdot m)$$

根据 GB/T 21421—2008,考虑到测量时土壤具有中等含水量,因此,取季节修正系数 $\psi = 1.5$。

因此,$\rho = \rho_0 \times \psi = 96.1 \times 1.5 = 144.2(\Omega \cdot m)$。在后续报告中,采用该值作为土壤电阻率的现场测量值。

10.5.2 西湖公园变电站现场勘察及测量结果

西湖公园变电站因场地关系,无法直接测量。通过查阅附近接地电阻检测报告,结合周边土质性质及含水量情况,土壤电阻率值应在 100 Ω·m 左右,本报告中以100 Ω·m 作为评估依据,在后续报告中,采用该值作为土壤电阻率的现场测量值。

10.5.3 车辆段与维修基地现场察查及测量结果

根据场地特点,车辆段与维修基地测试点选取东西向布点,测试现场实况见图 10-16,其结果如表 10-2 所示。

图 10-16 车辆段与维修基地现场实况图

表 10-2 土壤电阻率测试值 （单位:Ω·m）

测试点	桩间距 3 m	桩间距 5 m	桩间距 10 m	桩间距 15 m
8 区(东西方向)	177	152	197	303

根据现场测试点的土壤电阻率值,计算土壤电阻率平均值分别为:

$$\rho_0 = 207.3(\Omega \cdot m)$$

根据 GB/T 21421—2008,测量时土壤具有中等含水量,因此,取季节修正系数 $\psi = 1.4$。

因此,$\rho = \rho_0 \times \psi = 207.3 \times 1.4 = 290.22(\Omega \cdot m)$。后续报告中,采用该值作为土壤电阻率的现场测量值。

10.5.4 控制中心现场勘查及测量结果

根据场地特点,控制中心测试点选取南北向布点,测试现场实况见图 10-17,其结果如表 10-3 所示。

图 10-17 控制中心现场实况图

表 10-3 土壤电阻率测试值 （单位:Ω•m）

测试点	桩间距 3 m	桩间距 5 m	桩间距 8 m	桩间距 10 m
8 区(南北方向)	35.8	92.7	55.2	62.8

根据现场测试点的土壤电阻率值,计算土壤电阻率平均值分别为:

$$\rho_0 = 61.6(\Omega \cdot m)$$

根据 GB/T 21421—2008,测量时土壤具有中等含水量,因此,取季节修正系数 $\psi = 1.5$。

因此,$\rho = \rho_0 \times \psi = 61.6 \times 1.50 = 92.4(\Omega \cdot m)$。后续报告中,采用该值作为土壤电阻率的现场测量值。

10.6 项目所在地雷电活动规律分析

10.6.1 项目所在区域闪电频数变化特征

根据湖南省闪电监测数据,统计各项目中心位置周边 5 km 区域范围 2007—2011 年 5 年内的雷电数据,根据共监测到的闪电条数和 9.6.1 节计算公式(9-1),计算年平均地闪密度如表 10-4 所示。

表 10-4　项目雷击次数与密度统计

项目	中心位置	闪电条数	年平均密度[次/(km² · a)]
体育新城变电站	113.0372 °E, 28.1500°N	373	0.95
西湖公园变电站	112.9319 °E, 28.2033°N	764	1.95
车辆段与维修基地	113.0855 °E, 28.1605°N	482	1.23
控制中心	113.0372 °E, 28.1501°N	326	0.83

10.6.2　各区域闪电月变化和时变化特征

对四个项目所在区域闪电数据进行进一步分析,得到四个项目所在区域的闪电月变化和时变化特征,如图 10-18 和图 10-19 所示。

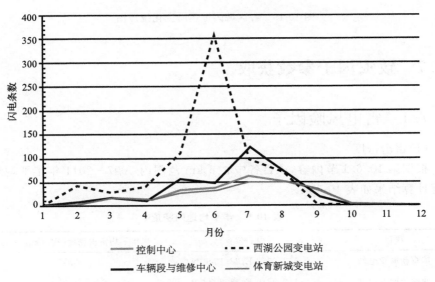

图 10-18　2007—2010 年闪电条数逐月变化曲线

结果表明,四个项目所在区域闪电的高发期集中在 5—8 月,其中,6、7 月份闪电发生次数最为频繁,达到全年闪电总数的 51.1%,从闪电逐时分布图上看,闪电呈现单峰值分布,峰值时间为每天的 19 时。

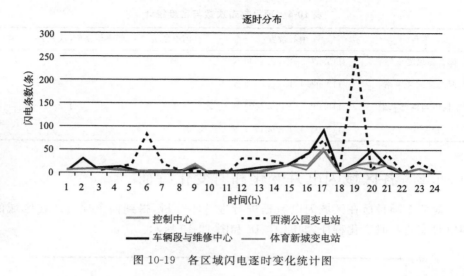

图 10-19   各区域闪电逐时变化统计图

10.7　致灾因子参数获取

10.7.1　雷电风险因子

（1）雷击密度

根据第 10.6.1 节内容，项目各中心 5 km 范围内 2007—2011 年年平均地闪密度计算结果如表 10-5 所示。

表 10-5　年平均地闪密度

项目	中心位置	年平均雷击密度[次/(km² · a)]
体育新城变电站	113.0372°E, 28.1500°N	0.95
西湖公园变电站	112.9319°E, 28.2033°N	1.95
车辆段与维修基地	113.0855°E, 28.1605°N	1.23
控制中心	113.0372°E, 28.1501°N	0.83

（2）雷电流强度

通过四个项目所在区域范围内 2007—2011 年 5 年内的雷电数据，统计 0～10 kA、10～20 kA、20～40 kA、40～60 kA 以及 60 kA 以上的雷电流条数占据总体闪电条数的比例，得到各雷电流强度区间雷电流条数占据总体闪电条数的比例如表 10-6 所示。

表 10-6 不同闪电强度区间发生频次

强度区间(kA)	0~10	10~20	20~40	40~60	>60
体育新城	5.88%	11.31%	38.46%	29.41%	14.93%
西湖公园	12.53%	9.07%	44.80%	22.67%	8%
车辆段与维修基地	11.30%	12.43%	33.05%	29.66%	13.56%
控制中心	7.76%	13.88%	31.43%	28.16%	18.8%

10.7.2 地域风险因子

（1）土壤电阻率

根据第 9.4 节测量方法和计算过程，各个项目的平均土壤电阻率如表 10-7 所示。

表 10-7 各个项目平均土壤电阻率

项目	中心位置	土壤电阻率($\Omega \cdot m$)
体育新城变电站	113.0372°E,28.1500°N	144.2
西湖公园变电站	112.9319°E,28.2033°N	100
车辆段与维修基地	113.0855°E,28.1605°N	290.22
控制中心	113.0372°E,28.1501°N	92.4

（2）土壤垂直分层

根据第 9.4 节测量方法和计算过程，各个项目的各点土壤电阻率起伏小，基本没有变化，则基本没有垂直分层。

（3）土壤水平分层

查阅轨道交通 2 号线地勘报告，各个项目区域地层分布均匀，基本没有变化，则基本没有水平分层。

（4）地形地貌

查阅轨道交通 2 号线地勘报告，体育新城变电站原始地貌为丘陵，项目背靠山丘，周边空旷；西湖公园变电站原始地貌为丘陵，项目背靠山丘，周边为湖泊；车辆段与维修基地用地现状为基本农田，地势较为平坦，有少量的民房和水塘，平均地面高程约 34 m；控制中心项目根据历史资料及现场勘测，地势较平坦，属于平原地形。即体育新城变电站、西湖公园变电站、车辆段与维修基地、控制中心的地形地貌分别为丘陵、湖泊、平原、平原。

（5）安全距离

体育新城变电站周边空旷，有多层、高层住宅小区；西湖公园变电站周边为湖泊，有多层、高层住宅小区；车辆段与维修基地周边有少量的民房和水塘；控制中心周边空旷,无其他建构筑。即四个拟建项目周边 1 km 范围内均没有影响评估项目的危化、危爆、易燃、油气、化工等危险场所或建(构)筑物。

(6)相对高度

根据现场勘察和初步设计说明,体育新城变电站高 17.3 m,该项目周边为国中新城高层住宅小区以及湖南省网球中心,即评估区域被比区域内项目高的外部建(构)筑物或其他雷击可接闪物所环绕。

西湖公园变电站周边均为多层、高层住宅小区,其建筑高度都高于变电站建构筑,即评估区域被比区域内项目高的外部建(构)筑物或其他雷击可接闪物所环绕。

车辆段与维修基地项目周边为黄兴镇,有民房,无较高建(构)筑物,即评估区域外建(构)筑物或其他雷击可接闪物与评估区域内项目高度基本持平。

控制中心主体建筑为高层建筑,高为 99.9 m,周边空旷,无其他建(构)筑物,即评估区域外无建(构)筑物或其他雷击可接闪物。

(7)电磁环境

根据现场勘察,记录评估区域外最有可能成为接闪建(构)筑物(如建筑高度最高)与各个项目的最短距离为 100 m 左右,根据第 9.6.2 节电磁环境计算方法,求出周边最近高点一旦遭受项目区域内历史最大雷电流强度,其对应的电磁感应强度如表 10-8 所示。

表 10-8   各个项目的电磁环境指标参数

项目	历史最大雷电流强度(kA)	电磁环境(Gs)
体育新城变电站	219	4.38
西湖公园变电站	332	6.64
车辆段与维修基地	332	6.64
控制中心	332	6.64

10.7.3   承灾体风险因子

(1)使用性质

根据轨道交通 2 号线初步设计,体育新城 110 kV 变电站和西湖公园 110 kV 变电站均是轨道交通 2 号线的电力配套工程;车辆段与维修基地和控制中心是轨道交通 2 号线(城市轨道交通)不可或缺的系统;对照本书中第 5.4 节承灾体的风险等级标准,即体育新城变电站和西湖公园变电站的使用性质为 110 kV 变电站,车辆段与维修基地和控制中心的使用性质为城市轨道交通。

(2)人员数量

根据轨道交通 2 号线初步设计,各个项目预计总人数如表 10-9 所示。

表 10-9　各个项目的人员数量指标参数

项目	人员数量（人）
体育新城变电站	10
西湖公园变电站	12
车辆段与维修基地	350
控制中心	328

（3）影响程度

根据各个项目使用性质,体育新城变电站和西湖公园变电站均为 110 kV 变电站,即区域内项目一旦遭受雷击后可能会产生危及区域外的爆炸或火灾危险;车辆段与维修基地和控制中心一旦遭受雷击后一般不会产生危及区域外的爆炸或火灾危险。

（4）占地面积

根据轨道交通 2 号线初步设计,各个项目占地面积如表 10-10 所示。

表 10-10　各个项目的占地面积指标参数

项目	占地面积（m²）
体育新城变电站	1750
西湖公园变电站	1850
车辆段与维修基地	268230
控制中心	3434.5

（5）材料结构

根据轨道交通 2 号线初步设计,可直接获取到各个项目为钢筋混凝土结构以及钢筋混凝土现浇楼盖,即建(构)筑物屋顶和主体结构为钢筋混凝土结构。

（6）等效高度

根据轨道交通 2 号线初步设计和建筑设计图纸,各个项目建构筑最高建筑高度如表 10-11 所示。

表 10-11　各个项目的等效高度指标参数

项目	等效高度（m）
体育新城变电站	17.3
西湖公园变电站	8.9
车辆段与维修基地	15.75
控制中心	99.9

（7）电子系统

根据轨道交通 2 号线初步设计，体育新城变电站和西湖公园变电站均是轨道交通 2 号线的电力配套工程，即市级交通电力调度的电子系统；车辆段与维修基地和控制中心为特大型监控的电子系统。

（8）电气系统

根据轨道交通 2 号线初步设计中电气设计部分，得知各个项目用电负荷等级有一级负荷、三级负荷；室外电压配电线路全部采用埋地敷设。

10.8　致灾因子隶属度确定

10.8.1　雷电风险因子

（1）雷击密度

根据第 10.7.1 节各项目周边地区雷击大地密度（表 10-5），然后依照本书中第 4.2.1 节定量指标参数的隶属度计算方法，可以得出雷击密度的隶属度如表 10-12 所示。

表 10-12　各个项目的雷击密度隶属度

风险等级 \\ 项目	Ⅰ级	Ⅱ级	Ⅲ级	Ⅳ级	Ⅴ级
体育新城变电站	0.55	0.45	0	0	0
西湖公园变电站	0	0.55	0.45	0	0
车辆段与维修基地	0.27	0.73			
控制中心	0.67	0.33	0	0	0

（2）雷电流强度

根据第 10.7.1 节各项目周边地区雷电流强度分布（表 10-6），项目区域雷电流统计可知，雷电流强度隶属度如表 10-13 所示。

表 10-13　各个项目的雷电流强度隶属度

风险等级 \\ 项目	Ⅰ级	Ⅱ级	Ⅲ级	Ⅳ级	Ⅴ级
体育新城变电站	0.0588	0.1131	0.3846	0.2941	0.1493
西湖公园变电站	0.1253	0.0907	0.4480	0.2267	0.0800
车辆段与维修基地	0.1130	0.1243	0.3305	0.2966	0.1356
控制中心	0.078	0.139	0.314	0.282	0.188

10.8.2　地域风险因子

(1)土壤电阻率

根据第 10.7.2 节各项目土壤电阻率值,引用区域雷电灾害评估系统对其进行计算并保存,土壤电阻率平均隶属度如表 10-14 所示。

表 10-14　土壤电阻率隶属度

风险等级 项　　目	Ⅰ级	Ⅱ级	Ⅲ级	Ⅳ级	Ⅴ级
体育新城变电站	0	0	0	0.628	0.372
西湖公园变电站	0	0	0	0.3333	0.6667
车辆段与维修基地	0	0	0.2005	0.7995	0
控制中心	0	0	0	0.2827	0.7173

(2)土壤垂直分层

各项目水平方向上土壤性质基本没有变化,基岩面起伏小,基本没有垂直分层。结合定量指标隶属度的确定方法和土壤垂直分层分级标准,各项目的区域土壤垂直分层完全隶属于Ⅰ级,如表 10-15 所示。

表 10-15　土壤垂直分层隶属度

风险等级 项　　目	Ⅰ级	Ⅱ级	Ⅲ级	Ⅳ级	Ⅴ级
体育新城变电站	1	0	0	0	0
西湖公园变电站	1	0	0	0	0
车辆段与维修基地	1	0	0	0	0
控制中心	1	0	0	0	0

(3)土壤水平分层

各项目区域地层分布均匀,基本没有水平分层。结合定量指标隶属度的确定方法和土壤水平分层分级标准,各项目的区域土壤水平分层完全隶属于Ⅰ级,如表 10-16 所示。

表 10-16　土壤水平分层隶属度

风险等级 项　　目	Ⅰ级	Ⅱ级	Ⅲ级	Ⅳ级	Ⅴ级
体育新城变电站	1	0	0	0	0
西湖公园变电站	1	0	0	0	0
车辆段与维修基地	1	0	0	0	0
控制中心	1	0	0	0	0

（4）地形地貌

根据第 10.7.2 节各个项目场地地形，结合定性指标隶属度的确定方法和地形地貌分级标准，可判断地形地貌的隶属度，具体见表 10-17。

表 10-17　地形地貌隶属度

项　　目 \ 风险等级	Ⅰ级	Ⅱ级	Ⅲ级	Ⅳ级	Ⅴ级
体育新城变电站	0	1	0	0	0
西湖公园变电站	0	0	0	1	0
车辆段与维修基地	1	0	0	0	0
控制中心	1	0	0	0	0

（5）安全距离

根据第 10.7.2 节各个项目周边 1 km 范围场地情况，结合定性指标隶属度的确定方法和安全距离分级标准，可判断出各个项目安全距离的隶属度为Ⅰ级，具体见表 10-18。

表 10-18　安全距离隶属度

项　　目 \ 风险等级	Ⅰ级	Ⅱ级	Ⅲ级	Ⅳ级	Ⅴ级
体育新城变电站	1	0	0	0	0
西湖公园变电站	1	0	0	0	0
车辆段与维修基地	1	0	0	0	0
控制中心	1	0	0	0	0

（6）相对高度

根据第 10.7.2 节各个项目周边建(构)筑物与项目比较情况，结合定性指标隶属度的确定方法和相对高度分级标准，可判断出相对高度的隶属度，具体见表 10-19。

表 10-19　相对高度隶属度

项　　目 \ 风险等级	Ⅰ级	Ⅱ级	Ⅲ级	Ⅳ级	Ⅴ级
体育新城变电站	1	0	0	0	0
西湖公园变电站	1	0	0	0	0
车辆段与维修基地	0	0	1	0	0
控制中心	0	0	0	0	1

(7)电磁环境

根据第 10.7.2 节各个项目电磁影响的指标参数(表 10-8)。结合定量指标隶属度的确定方法和电磁影响分级标准,引用区域雷电灾害评估系统对其进行计算并保存,电磁环境的隶属度如表 10-20 所示。

表 10-20　电磁环境隶属度

项　　目 \ 风险等级	Ⅰ级	Ⅱ级	Ⅲ级	Ⅳ级	Ⅴ级
体育新城变电站	0	0	0.3935	0.6065	0
西湖公园变电站	0	0	0	0.9241	0.0759
车辆段与维修基地	0	0	0	0.9241	0.0759
控制中心	0	0	0	0.9241	0.0759

10.8.3　承灾体风险因子

(1)使用性质

根据第 10.7.3 节内容,结合定性指标隶属度的确定方法和使用性质分级标准,判断使用性质隶属等级如表 10-21 所示。

表 10-21　使用性质隶属度

项　　目 \ 风险等级	Ⅰ级	Ⅱ级	Ⅲ级	Ⅳ级	Ⅴ级
体育新城变电站	0	0	1	0	0
西湖公园变电站	0	0	1	0	0
车辆段与维修基地	0	0	0	1	0
控制中心	0	0	0	1	0

(2)人员数量

根据第 10.7.3 节各个项目人员数量的指标参数(表 10-9),结合定量指标隶属度的确定方法和人员数量分级标准,引用区域雷电灾害评估系统对其进行计算并保存,各个项目人员数量的隶属度如表 10-22 所示。

表 10-22　人员数量隶属度

项　　目 \ 风险等级	Ⅰ级	Ⅱ级	Ⅲ级	Ⅳ级	Ⅴ级
体育新城变电站	1	0	0	0	0
西湖公园变电站	1	0	0	0	0
车辆段与维修基地	0	0.6667	0.3333	0	0
控制中心	0	0.7156	0.2844	0	0

（3）影响程度

根据第 10.7.3 节内容,结合影响程度分级标准,各个项目的影响程度隶属度具体见表 10-23。

表 10-23　影响程度隶属度

项　　目 ＼ 风险等级	Ⅰ级	Ⅱ级	Ⅲ级	Ⅳ级	Ⅴ级
体育新城变电站	0	0	1	0	0
西湖公园变电站	0	0	1	0	0
车辆段与维修基地	1	0	0	0	0
控制中心	1	0	0	0	0

（4）占地面积

根据第 10.7.3 节各个项目占地面积的指标参数(表 10-10),结合定量指标隶属度的确定方法和占地面积分级标准,引用区域雷电灾害评估系统对其进行计算并保存,各个项目占地面积隶属度具体见表 10-24。

表 10-24　占地面积隶属度

项　　目 ＼ 风险等级	Ⅰ级	Ⅱ级	Ⅲ级	Ⅳ级	Ⅴ级
体育新城变电站	0.8	0.2	0	0	0
西湖公园变电站	0.76	0.24	0	0	0
车辆段与维修基地	0	0	0	0	1
控制中心	0.1262	0.8738	0	0	0

（5）材料结构

根据第 10.7.3 节内容,结合定性指标隶属度的确定方法和材料结构分级标准,各个项目的材料结构完全隶属于Ⅳ级,其材料结构的隶属度如表 10-25 所示。

表 10-25　材料结构隶属度

项　　目 ＼ 风险等级	Ⅰ级	Ⅱ级	Ⅲ级	Ⅳ级	Ⅴ级
体育新城变电站	0	0	0	1	0
西湖公园变电站	0	0	0	1	0
车辆段与维修基地	0	0	0	1	0
控制中心	0	0	0	1	0

（6）等效高度

根据第 10.7.3 节各个项目等效高度的指标参数（表 10-11），结合定量指标隶属度的确定方法和等效高度分级标准，引用区域雷电灾害评估系统对其进行计算并保存，等效高度的隶属度如表 10-26 所示。

表 10-26　等效高度隶属度

风险等级 项　　目	Ⅰ级	Ⅱ级	Ⅲ级	Ⅳ级	Ⅴ级
体育新城变电站	0.8978	0.1022	0	0	0
西湖公园变电站	1	0	0	0	0
车辆段与维修基地	0.9667	0.0333	0	0	0
控制中心	0	0	0	0.7157	0.2843

（7）电子系统

根据第 10.7.3 节内容，结合定性指标隶属度的确定方法和电子系统的分级标准，其电子系统的隶属度如表 10-27 所示。

表 10-27　电子系统隶属度

风险等级 项　　目	Ⅰ级	Ⅱ级	Ⅲ级	Ⅳ级	Ⅴ级
体育新城变电站	0	0	1	0	0
西湖公园变电站	0	0	1	0	0
车辆段与维修基地	0	0	0	1	0
控制中心	0	0	0	1	0

（8）电气系统

根据第 10.7.3 节内容，结合定性指标隶属度的确定方法和结合电气系统分级标准知，该项目的电气系统隶属度如表 10-28 所示。

表 10-28　电气系统隶属度

风险等级 项　　目	Ⅰ级	Ⅱ级	Ⅲ级	Ⅳ级	Ⅴ级
体育新城变电站	0	0	1	0	0
西湖公园变电站	0	0	1	0	0
车辆段与维修基地	0	0	1	0	0
控制中心	0	0	1	0	0

10.9 确定第四层各指标对的相对权重

10.9.1 构造土壤结构的判断矩阵

(1)体育新城变电站土壤结构判断矩阵

土壤结构的隶属度矩阵如表 10-29 所示。

表 10-29 土壤结构的下属指标隶属度矩阵

C_{21}土壤结构	Ⅰ 级	Ⅱ 级	Ⅲ 级	Ⅳ 级	Ⅴ 级
土壤电阻率	0	0	0	0.628	0.372
土壤垂直分层	1	0	0	0	0
土壤水平分层	1	0	0	0	0

结合土壤结构隶属度矩阵及相关历史资料,土壤结构的判断矩阵及对应的权重等数据见表 10-30 所示。

表 10-30 土壤结构的判断矩阵和权重

C_{21}土壤结构	土壤电阻率	土壤垂直分层	土壤水平分层	权重 $W_{C_{21}}$
土壤电阻率	1	3	3	0.6
土壤垂直分层	0.3333	1	1	0.2
土壤水平分层	0.3333	1	1	0.2
$\lambda_{max}=3$	$CI=0$		$CR=0<0.1$ 通过一致性验证	

分析土壤结构的三个下属指标的隶属度及权重,可知土壤电阻率对土壤结构的影响最大,其次是土壤垂直分层和土壤水平分层,两者影响程度相差不多。

同时根据上述的隶属度与权重,依据 $B=W \cdot R$ 公式,计算出土壤结构的隶属度 B 如表 10-31 所示。

表 10-31 土壤结构隶属度

风险等级	Ⅰ 级	Ⅱ 级	Ⅲ 级	Ⅳ 级	Ⅴ 级
土壤结构	0.4	0	0	0.3768	0.2232

(2)西湖公园变电站土壤结构判断矩阵

土壤结构的隶属度矩阵如表 10-32 所示。

表 10-32　土壤结构的下属指标隶属度矩阵

C_{21} 土壤结构	Ⅰ 级	Ⅱ 级	Ⅲ 级	Ⅳ 级	Ⅴ 级
土壤电阻率	0	0	0	0.3333	0.6667
土壤垂直分层	1	0	0	0	0
土壤水平分层	1	0	0	0	0

　　结合土壤结构隶属度矩阵及相关历史资料,土壤结构的判断矩阵及对应的权重等数据见表 10-33 所示。

表 10-33　土壤结构的判断矩阵和权重

C_{21} 土壤结构	土壤电阻率	土壤垂直分层	土壤水平分层	权重 $W_{C_{21}}$
土壤电阻率	1	4	4	0.6667
土壤垂直分层	0.25	1	1	0.1667
土壤水平分层	0.25	1	1	0.1667
$\lambda_{\max} = 3$	$CI = 0$		$CR = 0 < 0.1$ 通过一致性验证	

　　分析土壤结构的三个下属指标的隶属度及权重,可知土壤电阻率对土壤结构的影响最大,其次是土壤垂直分层和土壤水平分层,两者影响程度相差不多。

　　同时根据上述的隶属度与权重,依据 $B = W \cdot R$ 公式,计算出土壤结构的隶属度 B 如表 10-34 所示。

表 10-34　土壤结构隶属度

风险等级	Ⅰ 级	Ⅱ 级	Ⅲ 级	Ⅳ 级	Ⅴ 级
土壤结构	0.3334	0	0	0.2222	0.4445

(3)车辆段与维修基地土壤结构判断矩阵

土壤结构的隶属度矩阵如表 10-35 所示。

表 10-35　土壤结构的下属指标隶属度矩阵

C_{21} 土壤结构	Ⅰ 级	Ⅱ 级	Ⅲ 级	Ⅳ 级	Ⅴ 级
土壤电阻率	0	0	0.2005	0.7995	0
土壤垂直分层	1	0	0	0	0
土壤水平分层	1	0	0	0	0

　　结合土壤结构隶属度矩阵及相关历史资料,土壤结构的判断矩阵及对应的权重等数据见表 10-36 所示。

表 10-36　土壤结构的判断矩阵和权重

C_{21} 土壤结构	土壤电阻率	土壤垂直分层	土壤水平分层	权重 $W_{C_{21}}$
土壤电阻率	1	3	3	0.6
土壤垂直分层	0.3333	1	1	0.2
土壤水平分层	0.3333	1	1	0.2
$\lambda_{max}=3.0$	$CI=0$		$CR=0<0.1$ 通过一致性验证	

分析土壤结构的三个下属指标的隶属度及权重,可知土壤电阻率对土壤结构的影响最大,其次是土壤垂直分层和土壤水平分层。

同时根据上述的隶属度与权重,依据 $B=W\cdot R$ 公式,计算出土壤结构的隶属度 B 如表 10-37 所示。

表 10-37　土壤结构隶属度

风险等级	Ⅰ 级	Ⅱ 级	Ⅲ 级	Ⅳ 级	Ⅴ 级
土壤结构	0.4	0	0.1203	0.4797	0

(4)控制中心土壤结构判断矩阵

土壤结构的隶属度矩阵如表 10-38 所示。

表 10-38　土壤结构的下属指标隶属度矩阵

C_{21} 土壤结构	Ⅰ 级	Ⅱ 级	Ⅲ 级	Ⅳ 级	Ⅴ 级
土壤电阻率	0	0	0	0.2827	0.7173
土壤垂直分层	1	0	0	0	0
土壤水平分层	1	0	0	0	0

结合土壤结构隶属度矩阵及相关历史资料,土壤结构的判断矩阵及对应的权重等数据如表 10-39 所示。

表 10-39　土壤结构的判断矩阵和权重

C_{21} 土壤结构	土壤电阻率	土壤垂直分区	土壤水平分层	权重 $W_{C_{21}}$
土壤电阻率	1	3	3	0.6
土壤垂直分层	0.3333	1	1	0.2
土壤水平分层	0.3333	1	1	0.2
$\lambda_{max}=3.0$	$CI=0$		$CR=0<0.1$ 通过一致性验证	

分析土壤结构的三个下属指标的隶属度及权重,可知土壤电阻率对土壤结构的影响最大,其次是土壤垂直分层和土壤水平分层。

同时根据上述的隶属度与权重,依据 $B=W \cdot R$ 公式,计算出土壤结构的隶属度 B 如表 10-40 所示。

表 10-40　土壤结构隶属度

风险等级	Ⅰ 级	Ⅱ 级	Ⅲ 级	Ⅳ 级	Ⅴ 级
土壤结构	0.4	0	0	0.1696	0.4304

10.9.2　构造周边环境的判断矩阵

(1)体育新城变电站周边环境判断矩阵

周边环境的隶属度矩阵如表 10-41 所示。

表 10-41　周边环境的下属指标隶属度矩阵

C_{23} 周边环境	Ⅰ 级	Ⅱ 级	Ⅲ 级	Ⅳ 级	Ⅴ 级
安全距离	1	0	0	0	0
相对高度	1	0	0	0	0
电磁影响	0	0	0.3935	0.6065	0

结合周边环境隶属度矩阵及相关历史资料,周边环境的判断矩阵及对应的权重等结果如表 10-42 所示。

表 10-42　周边环境的判断矩阵和权重

C_{23} 周边环境	安全距离	相对高度	电磁影响	权重 $W_{C_{23}}$
安全距离	1	1	0.5	0.25
相对高度	1	1	0.5	0.25
电磁影响	2	2	1	0.5
$\lambda_{max}=3$	$CI=0$		$CR=0<0.1$ 通过一致性验证	

分析周边环境的三个下属指标的隶属度及权重,可知电磁影响对周边环境的影响最大,其次是相对高度和安全距离。

同时根据上述的隶属度与权重,计算出周边环境的隶属度如表 10-43 所示。

表 10-43　周边环境隶属度

风险等级	Ⅰ 级	Ⅱ 级	Ⅲ 级	Ⅳ 级	Ⅴ 级
周边环境	0.5	0	0.1968	0.3032	0

(2)西湖公园变电站周边环境判断矩阵

周边环境的隶属度矩阵如表 10-44 所示。

表 10-44　周边环境的下属指标隶属度矩阵

C_{23}周边环境	Ⅰ 级	Ⅱ 级	Ⅲ 级	Ⅳ 级	Ⅴ 级
安全距离	1	0	0	0	0
相对高度	1	0	0	0	0
电磁影响	0	0	0	0.9241	0.0759

结合周边环境隶属度矩阵及相关历史资料,周边环境的判断矩阵及对应的权重等结果如表 10-45 所示。

表 10-45　周边环境的判断矩阵和权重

C_{23}周边环境	安全距离	相对高度	电磁影响	权重 $W_{C_{23}}$
安全距离	1	1	0.3333	0.2
相对高度	1	1	0.3333	0.2
电磁影响	3	3	1	0.6
$\lambda_{max}=3$	$CI=0$		$CR=0<0.1$ 通过一致性验证	

分析周边环境的三个下属指标的隶属度及权重,可知电磁影响对周边环境的影响最大,其次是相对高度和安全距离。

同时根据上述的隶属度与权重,计算出周边环境的隶属度如表 10-46 所示。

表 10-46　周边环境隶属度

风险等级	Ⅰ 级	Ⅱ 级	Ⅲ 级	Ⅳ 级	Ⅴ 级
周边环境	0.4	0	0	0.5545	0.0455

(3)车辆段与维修基地周边环境判断矩阵

周边环境的隶属度矩阵如表 10-47 所示。

表 10-47　周边环境的下属指标隶属度矩阵

C_{23}周边环境	Ⅰ 级	Ⅱ 级	Ⅲ 级	Ⅳ 级	Ⅴ 级
安全距离	1	0	0	0	0
相对高度	0	0	1	0	0
电磁影响	0	0	0	0.9241	0.0759

结合周边环境下属指标隶属度矩阵及相关历史资料,周边环境的判断矩阵及对应的权重等结果如表 10-48 所示。

表 10-48　周边环境的判断矩阵和权重

C_{23}周边环境	安全距离	相对高度	电磁影响	权重 $W_{C_{23}}$
安全距离	1	0.3333	0.25	0.125
相对高度	3	1	0.75	0.375
电磁影响	4	1.3333	1	0.5
$\lambda_{max}=3.0092$	$CI=0$		$CR=0<0.1$ 通过一致性验证	

分析周边环境的三个下属指标的隶属度及权重,可知电磁影响对周边环境的影响最大,其次是相对高度,安全距离的影响最小。

同时根据上述的隶属度与权重,计算出周边环境的隶属度如表 10-49 所示。

表 10-49　周边环境隶属度

风险等级	Ⅰ 级	Ⅱ 级	Ⅲ 级	Ⅳ 级	Ⅴ 级
周边环境	0.125	0	0.375	0.462	0.038

(4)控制中心周边环境判断矩阵

周边环境的隶属度矩阵如表 10-50 所示。

表 10-50　周边环境的下属指标隶属度矩阵

C_{23}周边环境	Ⅰ 级	Ⅱ 级	Ⅲ 级	Ⅳ 级	Ⅴ 级
安全距离	1	0	0	0	0
相对高度	0	0	0	0	1
电磁影响	0	0	0	0.9241	0.0759

结合周边环境隶属度矩阵及相关历史资料,周边环境的判断矩阵及对应的权重等结果如表 10-51 所示。

表 10-51　周边环境的判断矩阵和权重

C_{23}周边环境	安全距离	相对高度	电磁影响	权重 $W_{C_{23}}$
安全距离	1	0.25	0.3333	0.125
相对高度	4	1	1.3333	0.5
电磁影响	3	0.75	1	0.375
$\lambda_{max}=3$	$CI=0$		$CR=0<0.1$ 通过一致性验证	

分析周边环境的三个下属指标的隶属度及权重,可知相对高度对周边环境的影响最大,其次是电磁影响,安全距离的影响最小。

同时根据上述的隶属度与权重,计算出周边环境的隶属度如表 10-52 所示。

表 10-52 周边环境隶属度

风险等级	Ⅰ 级	Ⅱ 级	Ⅲ 级	Ⅳ 级	Ⅴ 级
周边环境	0.125	0	0	0.3465	0.5285

10.9.3　构造项目属性的判断矩阵

（1）体育新城变电站项目属性判断矩阵

项目属性的隶属度矩阵如表 10-53 所示。

表 10-53　项目属性下属指标隶属度矩阵

C_{31}项目属性	Ⅰ 级	Ⅱ 级	Ⅲ 级	Ⅳ 级	Ⅴ 级
使用性质	0	0	1	0	0
人员数量	1	0	0	0	0
影响程度	0	0	1	0	0

结合项目属性隶属度矩阵及相关历史资料，项目属性的判断矩阵及其对应的权重等计算结果如表 10-54 所示。

表 10-54　项目属性的判断矩阵和权重

C_{31}项目属性	使用性质	人员数量	影响程度	权重 $W_{C_{31}}$
使用性质	1	3	1	0.4286
人员数量	0.3333	1	0.3333	0.1429
影响程度	1	3	1	0.4286
$\lambda_{max}=3$	$CI=0$		$CR=0<0.1$ 通过一致性验证	

分析项目属性的三个下属指标的隶属度及权重，可知使用性质和影响程度对项目属性的影响相仿，人员数量影响最小。

同时根据上述的隶属度与权重，计算出项目属性的隶属度如表 10-55 所示。

表 10-55　项目属性隶属度

风险等级	Ⅰ 级	Ⅱ 级	Ⅲ 级	Ⅳ 级	Ⅴ 级
项目属性	0.1429	0	0.8572	0	0

（2）西湖公园变电站项目属性判断矩阵

项目属性的隶属度矩阵如表 10-56 所示。

表 10-56 项目属性下属指标隶属度矩阵

C_{31} 项目属性	I 级	II 级	III 级	IV 级	V 级
使用性质	0	0	1	0	0
人员数量	1	0	0	0	0
影响程度	0	0	1	0	0

结合项目属性隶属度矩阵及相关历史资料,项目属性的判断矩阵及其对应的权重等计算结果如表 10-57 所示。

表 10-57 项目属性的判断矩阵和权重

C_{31} 项目属性	使用性质	人员数量	影响程度	权重 $W_{C_{31}}$
使用性质	1	3	1	0.4286
人员数量	0.3333	1	0.3333	0.1429
影响程度	1	3	1	0.4286
$\lambda_{max}=3$	$CI=0$		$CR=0<0.1$ 通过一致性验证	

分析项目属性的三个下属指标的隶属度及权重,可知使用性质和影响程度对项目属性的影响相仿,人员数量影响最小。

同时根据上述的隶属度与权重,计算出项目属性的隶属度如表 10-58 所示。

表 10-58 项目属性隶属度

风险等级	I 级	II 级	III 级	IV 级	V 级
项目属性	0.1429	0	0.8572	0	0

(3)车辆段与维修基地项目属性判断矩阵

项目属性的隶属度矩阵如表 10-59 所示。

表 10-59 项目属性下属指标隶属度矩阵

C_{31} 项目属性	I 级	II 级	III 级	IV 级	V 级
使用性质	0	0	0	1	0
人员数量	0	0.6667	0.3333	0	0
影响程度	1	0	0	0	0

结合项目属性隶属度矩阵及相关历史资料,项目属性的判断矩阵及其权重计算结果如表 10-60 所示。

表 10-60　项目属性的判断矩阵和权重

C_{31}项目属性	使用性质	人员数量	影响程度	权重$W_{C_{31}}$
使用性质	1	2	3	0.5455
人员数量	0.5	1	1.5	0.2727
影响程度	0.3333	0.6667	1	0.1818
$\lambda_{max}=3$	$CI=0$		$CR=0<0.1$ 通过一致性验证	

分析项目属性的三个下属指标的隶属度及权重,可知使用性质对项目属性的影响最大,其次是人员数量,影响最小的是影响程度。

同时根据上述的隶属度与权重,计算出项目属性的隶属度如表 10-61 所示。

表 10-61　项目属性隶属度

风险等级	Ⅰ 级	Ⅱ 级	Ⅲ 级	Ⅳ 级	Ⅴ 级
项目属性	0.1818	0.1818	0.0909	0.5455	0

(4)控制中心项目属性判断矩阵

项目属性的隶属度矩阵如表 10-62 所示。

表 10-62　项目属性下属指标隶属度矩阵

C_{31}项目属性	Ⅰ 级	Ⅱ 级	Ⅲ 级	Ⅳ 级	Ⅴ 级
使用性质	0	0	0	1	0
人员数量	0	0.7156	0.2844	0	0
影响程度	1	0	0	0	0

结合项目属性隶属度矩阵及相关历史资料,项目属性的判断矩阵及其权重等计算结果如表 10-63 所示。

表 10-63　项目属性的判断矩阵和权重

C_{31}项目属性	使用性质	人员数量	影响程度	权重$W_{C_{31}}$
使用性质	1	2	3	0.5455
人员数量	0.5	1	1.5	0.2727
影响程度	0.3333	0.6667	1	0.1818
$\lambda_{max}=3$	$CI=0$		$CR=0<0.1$ 通过一致性验证	

分析项目属性的三个下属指标的隶属度及权重,可知使用性质对项目属性的影响最大,其次是人员数量,影响最小的是影响程度。

同时根据上述的隶属度与权重,计算出项目属性的隶属度如表 10-64 所示。

表 10-64 项目属性隶属度

风险等级	Ⅰ 级	Ⅱ 级	Ⅲ 级	Ⅳ 级	Ⅴ 级
项目属性	0.1818	0.1951	0.0776	0.5455	0

10.9.4 构建建构筑物特征的判断矩阵

（1）体育新城变电站建构筑特征判断矩阵

建构筑特征的隶属度矩阵如表 10-65 所示。

表 10-65 建构筑特征下属指标隶属度矩阵

C_{32}建构筑特征	Ⅰ 级	Ⅱ 级	Ⅲ 级	Ⅳ 级	Ⅴ 级
占地面积	0.8	0.2	0	0	0
材料结构	0	0	0	1	0
等效高度	0.8978	0.1022	0	0	0

结合建构筑特征隶属度矩阵及相关历史资料，建构筑特征的判断矩阵及其权重等计算结果如表 10-66 所示。

表 10-66 建构筑特征的判断矩阵和权重

C_{32}建构筑特征	占地面积	材料结构	等效高度	权重$W_{C_{32}}$
占地面积	1	0.3333	0.8889	0.1922
材料结构	3	1	3	0.5998
等效高度	1.125	0.3333	1	0.2079
$\lambda_{max}=3.0015$	$CI=0.0008$		$CR=0.0013<0.1$ 通过一致性验证	

分析建构筑特征的三个下属指标的隶属度及权重，可知材料结构对建构筑特征的影响最大，其次是等效高度，影响最小的是占地面积。

同时根据上述的隶属度与权重，计算出建构筑特征的隶属度如表 10-67 所示。

表 10-67 建构筑特征隶属度

风险等级	Ⅰ 级	Ⅱ 级	Ⅲ 级	Ⅳ 级	Ⅴ 级
建构筑特征	0.3405	0.0596	0	0.5998	0

（2）西湖公园变电站建构筑特征判断矩阵

建构筑特征的隶属度矩阵如表 10-68 所示。

表 10-68　建构筑特征下属指标隶属度矩阵

C_{32} 建构筑特征	Ⅰ 级	Ⅱ 级	Ⅲ 级	Ⅳ 级	Ⅴ 级
占地面积	0.76	0.24	0	0	0
材料结构	0	0	0	1	0
等效高度	1	0	0	0	0

结合建构筑特征隶属度矩阵及相关历史资料,建构筑特征的判断矩阵及其权重等计算结果如表 10-69 所示。

表 10-69　建构筑特征的判断矩阵和权重

C_{32} 建构筑特征	占地面积	材料结构	等效高度	权重 $W_{C_{32}}$
占地面积	1	0.3333	1	0.2
材料结构	3	1	3	0.6
等效高度	1	0.3333	1	0.2
$\lambda_{max}=3$	$CI=0$		$CR=0<0.1$ 通过一致性验证	

分析建构筑特征的三个下属指标的隶属度及权重,可知材料结构对建构筑特征的影响最大,其次是等效高度和占地面积。

同时根据上述的隶属度与权重,计算出建构筑特征的隶属度如表 10-70 所示。

表 10-70　建构筑特征隶属度

风险等级	Ⅰ 级	Ⅱ 级	Ⅲ 级	Ⅳ 级	Ⅴ 级
建构筑特征	0.352	0.048	0	0.6	0

(3)车辆段与维修基地建构筑特征判断矩阵

建构筑特征的隶属度矩阵如表 10-71 所示。

表 10-71　建构筑特征下属指标隶属度矩阵

C_{32} 建构筑特征	Ⅰ 级	Ⅱ 级	Ⅲ 级	Ⅳ 级	Ⅴ 级
占地面积	0	0	0	0	1
材料结构	0	0	0	1	0
等效高度	0.9667	0.0333	0	0	0

结合建构筑特征隶属度矩阵及相关历史资料,建构筑特征的判断矩阵及其权重等计算结果如表 10-72 所示。

表 10-72　建构筑特征的判断矩阵和权重

C_{32} 建构筑特征	占地面积	材料结构	等效高度	权重 $W_{C_{32}}$
占地面积	1	1.3333	4	0.5
材料结构	0.75	1	3	0.375
等效高度	0.25	0.3333	1	0.125
$\lambda_{max}=3$	$CI=0$		$CR=0<0.1$ 通过一致性验证	

分析建构筑特征的三个下属指标的隶属度及权重,可知占地面积对建构筑特征的影响最大,其次是材料结构,影响最小的是等效高度。

同时根据上述的隶属度与权重,计算出建构筑特征的隶属度如表 10-73 所示。

表 10-73　建构筑特征隶属度

风险等级	Ⅰ 级	Ⅱ 级	Ⅲ 级	Ⅳ 级	Ⅴ 级
建构筑特征	0.1208	0.0042	0	0.375	0.5

(4)控制中心建构筑特征判断矩阵

建构筑特征的隶属度矩阵如表 10-74 所示。

表 10-74　建构筑特征下属指标隶属度矩阵

C_{32}建构筑特征	Ⅰ 级	Ⅱ 级	Ⅲ 级	Ⅳ 级	Ⅴ 级
占地面积	0.1262	0.8738	0	0	0
等效高度	0	0	0	0.7157	0.2843
材料结构	0	0	0	1	0

结合建构筑特征隶属度矩阵及相关历史资料,建构筑特征的判断矩阵及其权重等计算结果如表 10-75 所示。

表 10-75　建构筑特征的判断矩阵和权重

C_{32}建构筑特征	占地面积	等效高度	材料结构	权重 $W_{C_{32}}$
占地面积	1	0.3333	0.25	0.125
材料结构	3	1	0.75	0.375
等效高度	4	1.3333	1	0.5
$\lambda_{max}=3$	$CI=0$		$CR=0<0.1$ 通过一致性验证	

分析建构筑特征的三个下属指标的隶属度及权重,可知等效高度对建构筑特征的影响最大,其次是材料结构,影响最小的是占地面积。

同时根据上述的隶属度与权重,计算出建构筑特征的隶属度如表 10-76 所示。

表 10-76　建构筑特征隶属度

风险等级	Ⅰ 级	Ⅱ 级	Ⅲ 级	Ⅳ 级	Ⅴ 级
建构筑特征	0.0158	0.1092	0	0.7328	0.1422

10.9.5　构造电子电气系统的判断矩阵

(1)体育新城变电站电子电气系统判断矩阵

电子电气系统的隶属度矩阵如表 10-77 所示。

表 10-77　电子电气系统下属指标隶属度矩阵

C_{33}线路系统	Ⅰ 级	Ⅱ 级	Ⅲ 级	Ⅳ 级	Ⅴ 级
电子系统	0	0	1	0	0
电气系统	0	0	1	0	0

结合电子电气系统隶属度矩阵及相关历史资料,电子电气系统的判断矩阵及其权重等计算结果如表 10-78 所示。

表 10-78　电子电气系统的判断矩阵和权重

C_{33}电子电气系统	电子系统	电气系统	权重 $W_{C_{32}}$
电子系统	1	1	0.5
电气系统	1	1	0.5
$\lambda_{max}=2$	$CI=0$		$CR=0<0.1$ 通过一致性验证

分析电子电气系统的两个下属指标的隶属度及权重,可知电气系统与电子电气系统同样重要。

同时根据上述的隶属度与权重,计算出电子电气系统的隶属度如表 10-79 所示。

表 10-79　电子电气系统隶属度

风险等级	Ⅰ 级	Ⅱ 级	Ⅲ 级	Ⅳ 级	Ⅴ 级
电子电气系统	0	0	1	0	0

(2)西湖公园变电站电子电气系统判断矩阵

电子电气系统的隶属度矩阵如表 10-80 所示。

表 10-80　电子电气系统下属指标隶属度矩阵

C_{33}线路系统	Ⅰ 级	Ⅱ 级	Ⅲ 级	Ⅳ 级	Ⅴ 级
电子系统	0	0	1	0	0
电气系统	0	0	1	0	0

结合电子电气系统隶属度矩阵及相关历史资料,电子电气系统的判断矩阵及其权重等计算结果如表 10-81 所示。

表 10-81　电子电气系统的判断矩阵和权重

C_{33}电子电气系统	电子系统	电气系统	权重 $W_{C_{33}}$
电子系统	1	1	0.5
电气系统	1	1	0.5
$\lambda_{max}=2$	$CI=0$		$CR=0<0.1$ 通过一致性验证

分析电子电气系统的两个下属指标的隶属度及权重,可知电气系统与电子系统同样重要。

同时根据上述的隶属度与权重,计算出电子电气系统的隶属度如表 10-82 所示。

表 10-82　电子电气系统隶属度

风险等级	Ⅰ 级	Ⅱ 级	Ⅲ 级	Ⅳ 级	Ⅴ 级
电子电气系统	0	0	1	0	0

(3)车辆段与维修基地电子电气系统判断矩阵

电子电气系统的隶属度矩阵如表 10-83 所示。

表 10-83　电子电气系统下属指标隶属度矩阵

C_{33}线路系统	Ⅰ 级	Ⅱ 级	Ⅲ 级	Ⅳ 级	Ⅴ 级
电子系统	0	0	0	1	0
电气系统	0	0	1	0	0

结合电子电气系统隶属度矩阵及相关历史资料,电子电气系统的判断矩阵及其权重等计算结果如表 10-84 所示。

表 10-84　电子电气系统的判断矩阵和权重

C_{33}电子电气系统	电子系统	电气系统	权重 $W_{C_{33}}$
电子系统	1	1.5	0.6
电气系统	0.6667	1	0.4
$\lambda_{max}=2$	$CI=0$	$CR=0<0.1$ 通过一致性验证	

分析电子电气系统的两个下属指标的隶属度及权重,可知电子系统对电子电气系统的影响较大,而电气系统的影响则小些。

同时根据上述的隶属度与权重,计算出电子电气系统的隶属度如表 10-85 所示。

表 10-85　电子电气系统隶属度

风险等级	Ⅰ 级	Ⅱ 级	Ⅲ 级	Ⅳ 级	Ⅴ 级
电子电气系统	0	0	0.4	0.6	0

(4)控制中心电子电气系统判断矩阵

电子电气系统的隶属度矩阵如表 10-86 所示。

表 10-86　电子电气系统下属指标隶属度矩阵

C₃₃线路系统	Ⅰ 级	Ⅱ 级	Ⅲ 级	Ⅳ 级	Ⅴ 级
电子系统	0	0	0	1	0
电气系统	0	0	1	0	0

　　结合电子电气系统隶属度矩阵及相关历史资料,电子电气系统的判断矩阵及其权重等计算结果如表 10-87 所示。

表 10-87　电子电气系统的判断矩阵和权重

C₃₃电子电气系统	电子系统	电气系统	权重 $W_{C_{32}}$
电子系统	1	1.5	0.6
电气系统	0.6667	1	0.4
$\lambda_{max}=2$	$CI=0$		$CR=0<0.1$ 通过一致性验证

　　分析电子电气系统的两个下属指标的隶属度及权重,可知电子系统对电子电气系统的影响较大,而电气系统的影响则小些。

　　同时根据上述的隶属度与权重,计算出电子电气系统的隶属度如表 10-88 所示。

表 10-88　电子电气系统隶属度

风险等级	Ⅰ 级	Ⅱ 级	Ⅲ 级	Ⅳ 级	Ⅴ 级
电子电气系统	0	0	0.4	0.6	0

10.10　确定第三层各指标的相对权重

10.10.1　构造雷电风险的判断矩阵

（1）体育新城变电站雷电风险判断矩阵

雷电风险的隶属度矩阵如表 10-89 所示。

表 10-89　雷电风险下属指标隶属度矩阵

B₁ 雷电风险	Ⅰ 级	Ⅱ 级	Ⅲ 级	Ⅳ 级	Ⅴ 级
雷击密度	0.55	0.45	0	0	0
雷电流强度	0.0588	0.1131	0.3846	0.2941	0.1493

　　结合雷电风险隶属度矩阵及相关历史资料,雷电风险的判断矩阵及其权重等计算结果如表 10-90 所示。

表 10-90　雷电风险的判断矩阵和权重

B₁雷电风险	雷击密度	雷电流强度	权重 W_{B_1}
雷击密度	1	0.6667	0.4
雷电流强度	1.5	1	0.6
$\lambda_{max}=2$	$CI=0$	$CR=0<0.1$ 通过一致性验证	

分析雷电风险下的两个下属指标的隶属度及权重,可知雷电流强度对雷电风险的影响较大,而雷击密度的影响较小。

同时根据上述的隶属度与权重,计算出雷电风险的隶属度如表 10-91 所示。

表 10-91　雷电风险隶属度

风险等级	Ⅰ级	Ⅱ级	Ⅲ级	Ⅳ级	Ⅴ级
雷电风险	0.2553	0.2479	0.2308	0.1765	0.0896

(2)西湖公园变电站雷电风险判断矩阵

雷电风险的隶属度矩阵如表 10-92 所示。

表 10-92　雷电风险下属指标隶属度矩阵

B₁雷电风险	Ⅰ级	Ⅱ级	Ⅲ级	Ⅳ级	Ⅴ级
雷击密度	0	0.55	0.45	0	0
雷电流强度	0.1253	0.0907	0.448	0.2267	0.08

结合雷电风险隶属度矩阵及相关历史资料,雷电风险的判断矩阵及其权重等计算结果如表 10-93 所示。

表 10-93　雷电风险的判断矩阵和权重

B₁雷电风险	雷击密度	雷电流强度	权重 W_{B_1}
雷击密度	1	0.6667	0.4
雷电流强度	1.5	1	0.6
$\lambda_{max}=2$	$CI=0$	$CR=0<0.1$ 通过一致性验证	

分析雷电风险下的两个下属指标的隶属度及权重,可知雷电流强度对雷电风险的影响较大,而雷击密度的影响较小。

同时根据上述的隶属度与权重,计算出雷电风险的隶属度如表 10-94 所示。

表 10-94　雷电风险隶属度

风险等级	Ⅰ级	Ⅱ级	Ⅲ级	Ⅳ级	Ⅴ级
雷电风险	0.0752	0.2744	0.4488	0.136	0.048

（3）车辆段与维修基地雷电风险判断矩阵

雷电风险的隶属度矩阵如表 10-95 所示。

表 10-95　雷电风险下属指标隶属度矩阵

B₁ 雷电风险	Ⅰ 级	Ⅱ 级	Ⅲ 级	Ⅳ 级	Ⅴ 级
雷击密度	0.27	0.73	0	0	0
雷电流强度	0.113	0.1243	0.3305	0.2966	0.1356

结合雷电风险隶属度矩阵及相关历史资料，雷电风险的判断矩阵及其权重等计算结果如表 10-96 所示。

表 10-96　雷电风险的判断矩阵和权重

B₁ 雷电风险	雷击密度	雷电流强度	权重 W_{B_1}
雷击密度	1	0.6667	0.4
雷电流强度	1.5	1	0.6
$\lambda_{max}=2$	$CI=0$	$CR=0<0.1$ 通过一致性验证	

分析雷电风险下的两个下属指标的隶属度及权重，可知雷电流强度对雷电风险的影响较大，而雷击密度的影响较小。

同时根据上述的隶属度与权重，计算出雷电风险的隶属度如表 10-97 所示。

表 10-97　雷电风险隶属度

风险等级	Ⅰ 级	Ⅱ 级	Ⅲ 级	Ⅳ 级	Ⅴ 级
雷电风险	0.1758	0.3666	0.1983	0.178	0.0814

（4）控制中心雷电风险判断矩阵

雷电风险的隶属度矩阵如表 10-98 所示。

表 10-98　雷电风险下属指标隶属度矩阵

B₁ 雷电风险	Ⅰ 级	Ⅱ 级	Ⅲ 级	Ⅳ 级	Ⅴ 级
雷击密度	0.67	0.33	0	0	0
雷电流强度	0.078	0.139	0.314	0.282	0.188

结合雷电风险隶属度矩阵及相关历史资料，雷电风险的判断矩阵及其权重等计算结果如表 10-99 所示。

表 10-99　雷电风险的判断矩阵和权重

B₁ 雷电风险	雷击密度	雷电流强度	权重 W_{B_1}
雷击密度	1	0.5	0.3333
雷电流强度	2	1	0.6667
$\lambda_{max}=2$	$CI=0$	$CR=0<0.1$ 通过一致性验证	

分析雷电风险下的两个下属指标的隶属度及权重,可知雷电流强度对雷电风险的影响较大,而雷击密度的影响较小。

同时根据上述的隶属度与权重,计算出雷电风险的隶属度如表 10-100 所示。

表 10-100　雷电风险隶属度

风险等级	Ⅰ 级	Ⅱ 级	Ⅲ 级	Ⅳ 级	Ⅴ 级
雷电风险	0.2753	0.2027	0.2093	0.188	0.1253

10.10.2　构造地域风险的判断矩阵

(1)体育新城变电站地域风险判断矩阵

地域风险的隶属度矩阵如表 10-101 所示。

表 10-101　地域风险下属指标隶属度矩阵

B_1 地域风险	Ⅰ 级	Ⅱ 级	Ⅲ 级	Ⅳ 级	Ⅴ 级
土壤结构	0.4	0	0	0.3768	0.2232
地形地貌	0	1	0	0	0
周边环境	0.5	0	0.1968	0.3032	0

结合地域风险隶属度矩阵及相关历史资料,地域风险的判断矩阵及其权重等计算结果如表 10-102 所示。

表 10-102　地域风险的判断矩阵和权重

B_2 地域风险	土壤结构	地形地貌	周边环境	权重 W_{B_2}
土壤结构	1	2	1.5	0.4615
地形地貌	0.5	1	0.75	0.2308
周边环境	0.6667	1.3333	1	0.3077
$\lambda_{max}=3$	$CI=0$		$CR=0<0.1$ 通过一致性验证	

分析地域风险下的三个下属指标的隶属度及权重,可知土壤结构对地域风险的影响最大,其次是周边环境,影响最小的是地形地貌。

同时根据上述的隶属度与权重,计算出地域风险的隶属度如表 10-103 所示。

表 10-103　地域风险隶属度

风险等级	Ⅰ 级	Ⅱ 级	Ⅲ 级	Ⅳ 级	Ⅴ 级
地域风险	0.3384	0.2308	0.0606	0.2672	0.103

(2)西湖公园变电站地域风险判断矩阵

地域风险的隶属度矩阵如表 10-104 所示。

表 10-104　地域风险下属指标隶属度矩阵

B₁ 地域风险	Ⅰ 级	Ⅱ 级	Ⅲ 级	Ⅳ 级	Ⅴ 级
土壤结构	0.3334	0	0	0.2222	0.4445
地形地貌	0	0	0	1	0
周边环境	0.4	0	0	0.5545	0.0455

结合地域风险隶属度矩阵及相关历史资料,地域风险的判断矩阵及其权重等计算结果如表 10-105 所示。

表 10-105　地域风险的判断矩阵和权重

B₂ 地域风险	土壤结构	地形地貌	周边环境	权重 W_{B_2}
土壤结构	1	0.75	1	0.3
地形地貌	1.3333	1	1.3333	0.4
周边环境	1	0.75	1	0.3
$\lambda_{max}=3$	$CI=0$		$CR=0<0.1$ 通过一致性验证	

分析地域风险下的三个下属指标的隶属度及权重,可知地形地貌对地域风险的影响最大,其次是土壤结构和周边环境。

同时根据上述的隶属度与权重,计算出地域风险的隶属度如表 10-106 所示。

表 10-106　地域风险隶属度

风险等级	Ⅰ 级	Ⅱ 级	Ⅲ 级	Ⅳ 级	Ⅴ 级
地域风险	0.22	0	0	0.6331	0.147

(3)车辆段与维修基地地域风险判断矩阵

地域风险的隶属度矩阵如表 10-107 所示。

表 10-107　地域风险下属指标隶属度矩阵

B₁ 地域风险	Ⅰ 级	Ⅱ 级	Ⅲ 级	Ⅳ 级	Ⅴ 级
土壤结构	0.4	0	0.1203	0.4797	0
地形地貌	1	0	0	0	0
周边环境	0.125	0	0.375	0.462	0.038

结合地域风险隶属度矩阵及相关历史资料,地域风险的判断矩阵及其权重等计算结果如表 10-108 所示。

表 10-108　地域风险的判断矩阵和权重

B₂ 地域风险	土壤结构	地形地貌	周边环境	权重 W_{B_2}
土壤结构	1	2	1	0.4
地形地貌	0.5	1	0.5	0.2
周边环境	1	2	1	0.4
$\lambda_{max}=3$	$CI=0$		$CR=0<0.1$ 通过一致性验证	

分析地域风险下的三个下属指标的隶属度及权重,可知土壤结构和周边环境对地域风险的影响最大,其次是地形地貌。

同时根据上述的隶属度与权重,计算出地域风险的隶属度如表 10-109 所示。

表 10-109　地域风险隶属度

风险等级	Ⅰ 级	Ⅱ 级	Ⅲ 级	Ⅳ 级	Ⅴ 级
地域风险	0.41	0	0.1981	0.3767	0.0152

(4)控制中心地域风险判断矩阵

地域风险的隶属度矩阵如表 10-110 所示。

表 10-110　地域风险下属指标隶属度矩阵

B₁ 地域风险	Ⅰ 级	Ⅱ 级	Ⅲ 级	Ⅳ 级	Ⅴ 级
土壤结构	0.4	0	0	0.1696	0.4304
地形地貌	1	0	0	0	0
周边环境	0.125	0	0	0.3465	0.5285

结合地域风险隶属度矩阵及相关历史资料,地域风险的判断矩阵及其权重等计算结果如表 10-111 所示。

表 10-111　地域风险的判断矩阵和权重

B₂ 地域风险	土壤结构	地形地貌	周边环境	权重 w_{B_2}
土壤结构	1	2	0.6667	0.3333
地形地貌	0.5	1	0.3333	0.1667
周边环境	1.5	3	1	0.5
$\lambda_{max}=3$	$CI=0$		$CR=0<0.1$ 通过一致性验证	

分析地域风险下的三个下属指标的隶属度及权重,可知周边环境对地域风险的影响最大,其次是土壤结构和地形地貌。

同时根据上述的隶属度与权重,计算出地域风险的隶属度如表 10-112 所示。

表 10-112　地域风险隶属度

风险等级	Ⅰ 级	Ⅱ 级	Ⅲ 级	Ⅳ 级	Ⅴ 级
地域风险	0.3625	0	0	0.2297	0.4077

10.10.3　构造承灾体风险的判断矩阵

（1）体育新城变电站承灾体风险判断矩阵

承灾体风险的隶属度矩阵如表 10-113 所示。

表 10-113　承灾体风险下属指标隶属度矩阵

B_1 承灾体风险	Ⅰ 级	Ⅱ 级	Ⅲ 级	Ⅳ 级	Ⅴ 级
项目属性	0.1429	0	0.8572	0	0
建构筑特征	0.3405	0.0596	0	0.5998	0
电子电气系统	0	0	1	0	0

结合承灾体风险隶属度矩阵及相关历史资料,承灾体风险的判断矩阵及其权重等计算结果如表 10-114 所示。

表 10-114　承灾体风险的判断矩阵和权重

B_3承灾体风险	项目属性	建构筑特征	电子电气系统	权重 W_{B_3}
项目属性	1	1	0.75	0.3
建构筑特征	1	1	0.75	0.3
电子电气系统	1.3333	1.3333	1	0.4
$\lambda_{max}=3$	$CI=0$		$CR=0<0.1$ 通过一致性验证	

分析承灾体风险下的三个下属指标的隶属度及权重,可知电子电气系统对承灾体风险的影响较大,其次是建构筑特征和项目属性。

同时根据上述的隶属度与权重,计算出承灾体风险的隶属度如表 10-115 所示。

表 10-115　承灾体风险隶属度

风险等级	Ⅰ 级	Ⅱ 级	Ⅲ 级	Ⅳ 级	Ⅴ 级
承灾体风险	0.1451	0.0179	0.6572	0.1799	0

（2）西湖公园变电站承灾体风险判断矩阵

承灾体风险的隶属度矩阵如表 10-116 所示。

表 10-116　承灾体风险下属指标隶属度矩阵

B_1 承灾体风险	Ⅰ 级	Ⅱ 级	Ⅲ 级	Ⅳ 级	Ⅴ 级
项目属性	0.1429	0	0.8572	0	0
建构筑特征	0.352	0.048	0	0.6	0
电子电气系统	0	0	1	0	0

结合承灾体风险隶属度矩阵及相关历史资料,承灾体风险的判断矩阵及其权重等计算结果如表 10-117 所示。

表 10-117　承灾体风险的判断矩阵和权重

B_3 承灾体风险	项目属性	建构筑特征	电子电气系统	权重 W_{B_3}
项目属性	1	0.8	0.8889	0.2957
建构筑特征	1.25	1	1.25	0.3844
电子电气系统	1.125	0.8	1	0.3199
$\lambda_{max}=3.0015$	$CI=0.0008$		$CR=0.0013<0.1$ 通过一致性验证	

分析承灾体风险下的三个下属指标的隶属度及权重,可知建构筑特征对承灾体风险的影响较大,其次是电子电气系统,影响最小的是项目属性。

同时根据上述的隶属度与权重,计算出承灾体风险的隶属度如表 10-118 所示。

表 10-118　承灾体风险隶属度

风险等级	Ⅰ 级	Ⅱ 级	Ⅲ 级	Ⅳ 级	Ⅴ 级
承灾体风险	0.1776	0.0185	0.5734	0.2306	0

(3)车辆段与维修基地承灾体风险判断矩阵

承灾体风险的隶属度矩阵如表 10-119 所示。

表 10-119　承灾体风险下属指标隶属度矩阵

B_1 承灾体风险	Ⅰ 级	Ⅱ 级	Ⅲ 级	Ⅳ 级	Ⅴ 级
项目属性	0.1818	0.1818	0.0909	0.5455	0
建构筑特征	0.1208	0.0042	0	0.375	0.5
电子电气系统	0	0	0.4	0.6	0

结合承灾体风险隶属度矩阵及相关历史资料,承灾体风险的判断矩阵及其权重等计算结果如表 10-120 所示。

表 10-120　承灾体风险的判断矩阵和权重

B₃ 承灾体风险	项目属性	建构筑特征	电子电气系统	权重 W_{B3}
项目属性	1	0.75	1	0.3
建构筑特征	1.3333	1	1.3333	0.4
电子电气系统	1	0.75	1	0.3
$\lambda_{max}=3$	$CI=0$		$CR=$ 0＜0.1通过一致性验证	

分析承灾体风险下的三个下属指标的隶属度及权重,可知建构筑特征对承灾体风险的影响较大,其次是电子电气系统和项目属性。

同时根据上述的隶属度与权重,计算出承灾体风险的隶属度如表 10-121 所示。

表 10-121　承灾体风险隶属度

风险等级	Ⅰ 级	Ⅱ 级	Ⅲ 级	Ⅳ 级	Ⅴ 级
承灾体风险	0.1028	0.0562	0.1473	0.4936	0.2

(4)控制中心承灾体风险判断矩阵

承灾体风险的隶属度矩阵如表 10-122 所示。

表 10-122　承灾体风险下属指标隶属度矩阵

B₁ 承灾体风险	Ⅰ 级	Ⅱ 级	Ⅲ 级	Ⅳ 级	Ⅴ 级
项目属性	0.1818	0.1951	0.0776	0.5455	0
建构筑特征	0.0158	0.1092	0	0.7328	0.1422
电子电气系统	0	0	0.4	0.6	0

结合承灾体风险隶属度矩阵及相关历史资料,承灾体风险的判断矩阵及其权重等计算结果如表 10-123 所示。

表 10-123　承灾体风险的判断矩阵和权重

B3 承灾体风险	项目属性	建构筑特征	电子电气系统	权重 W_{B₃}
项目属性	1	0.6667	1	0.2857
建构筑特征	1.5	1	1.5	0.4286
电子电气系统	1	0.6667	1	0.2857
$\lambda_{max}=3$	$CI=0$		$CR=$ 0＜0.1通过一致性验证	

分析承灾体风险下的三个下属指标的隶属度及权重,可知建构筑特征对承灾体风险的影响较大,其次是电子电气系统和项目属性。

同时根据上述的隶属度与权重,计算出承灾体风险的隶属度如表 10-124 所示。

表 10-124　承灾体风险隶属度

风险等级	Ⅰ级	Ⅱ级	Ⅲ级	Ⅳ级	Ⅴ级
承灾体风险	0.0587	0.1025	0.1365	0.6413	0.0609

10.11　确定第二层各指标的相对权重

10.11.1　构造区域雷电风险的判断矩阵

（1）体育新城变电站雷击风险判断矩阵

区域雷电风险的隶属度如表 10-125 所示。

表 10-125　区域雷电风险下属指标隶属度矩阵

风险等级	Ⅰ级	Ⅱ级	Ⅲ级	Ⅳ级	Ⅴ级
雷电风险	0.2553	0.2479	0.2308	0.1765	0.0896
地域风险	0.3384	0.2308	0.0606	0.2672	0.103
承灾体风险	0.1451	0.0179	0.6572	0.1799	0

因此,结合区域雷电风险隶属度矩阵及相关历史资料,区域雷电风险的判断矩阵为及其权重等计算结果如表 10-126 所示。

表 10-126　区域雷电风险的判断矩阵和权重

B 区域雷电风险	雷电风险	地域风险	承灾体风险	权重 W_B
B_1雷电风险	1	0.6667	0.75	0.2606
地域风险	1.5	1	0.75	0.3415
承灾体风险	1.3333	1.3333	1	0.3978
$\lambda_{max}=3.0183$	$CI=0.0091$		$CR=0.0158<0.1$ 通过一致性验证	

同时根据上述的隶属度与权重,计算出区域雷电风险的隶属度如表 10-127 所示。

表 10-127　区域雷电风险隶属度

风险等级	Ⅰ级	Ⅱ级	Ⅲ级	Ⅳ级	Ⅴ级
区域雷电风险	0.2398	0.1505	0.3422	0.2088	0.0585

（2）西湖公园变电站雷击风险判断矩阵

区域雷电风险的隶属度如表 10-128 所示。

表 10-128　区域雷电风险下属指标隶属度矩阵

风险等级	Ⅰ级	Ⅱ级	Ⅲ级	Ⅳ级	Ⅴ级
雷电风险	0.0752	0.2744	0.4488	0.136	0.048
地域风险	0.22	0	0	0.6331	0.147
承灾体风险	0.1776	0.0185	0.5734	0.2306	0

因此,结合区域雷电风险隶属度矩阵及相关历史资料,区域雷电风险的判断矩阵及其权重等计算结果如表 10-129 所示。

表 10-129　区域雷电风险的判断矩阵和权重

一级指标	雷电风险	地域风险	承灾体风险	权重 W
雷电风险	1	0.75	0.8	0.2792
地域风险	1.3333	1	1	0.3643
承灾体风险	1.25	1	1	0.3565
$\lambda_{max}=3.0005$	$CI=0.0018$		$CR=0.0036<0.1$ 通过一致性验证	

同时根据上述的隶属度与权重,计算出区域雷电风险的隶属度如表 10-130 所示。

表 10-130　区域雷电风险隶属度

风险等级	Ⅰ级	Ⅱ级	Ⅲ级	Ⅳ级	Ⅴ级
区域雷电风险	0.1644	0.0832	0.3297	0.3508	0.067

(3)车辆段与维修基地雷击风险判断矩阵

区域雷电风险的隶属度如表 10-131 所示。

表 10-131　区域雷电风险下属指标隶属度矩阵

风险等级	Ⅰ级	Ⅱ级	Ⅲ级	Ⅳ级	Ⅴ级
雷电风险	0.1758	0.3666	0.1983	0.178	0.0814
地域风险	0.41	0	0.1981	0.3767	0.0152
承灾体风险	0.1028	0.0562	0.1473	0.4936	0.2

因此,结合区域雷电风险隶属度矩阵及相关历史资料,区域雷电风险的判断矩阵及其权重等计算结果如表 10-132 所示。

表 10-132　区域雷电风险的判断矩阵和权重

B区域雷电风险	雷电风险	地域风险	承灾体风险	权重 W_B
雷电风险	1	0.75	0.6667	0.2609
地域风险	1.3333	1	0.8889	0.3478
承灾体风险	1.5	1.125	1	0.3913
$\lambda_{max}=3$	$CI=0$		$CR=0<0.1$ 通过一致性验证	

同时根据上述的隶属度与权重,计算出区域雷电风险的隶属度如表 10-133
所示。

表 10-133 区域雷电风险隶属度

风险等级	Ⅰ 级	Ⅱ 级	Ⅲ 级	Ⅳ 级	Ⅴ 级
区域雷电风险	0.2287	0.1176	0.1782	0.3705	0.1048

(4)控制中心雷击风险判断矩阵

区域雷电风险的隶属度如表 10-134 所示。

表 10-134 区域雷电风险下属指标隶属度矩阵

风险等级	Ⅰ 级	Ⅱ 级	Ⅲ 级	Ⅳ 级	Ⅴ 级
雷电风险	0.2753	0.2027	0.2093	0.188	0.1253
地域风险	0.3625	0	0	0.2297	0.4077
承灾体风险	0.0587	0.1025	0.1365	0.6413	0.0609

因此,结合区域雷电风险隶属度矩阵及相关历史资料,区域雷电风险的判断
矩阵及其权重等计算结果如表 10-135 所示。

表 10-135 区域雷电灾害的判断矩阵和权得

一级指标	B_1 雷电风险	B_2 地域风险	B_3 承灾体风险	权重 W_B
B_1 雷电风险	1	0.6667	0.6667	0.25
B_2 地域风险	1.5	1	1	0.375
B_3 承灾体风险	1.5	1	1	0.375
$\lambda_{max} = 3.009$	$CI = 0.005$	$CR = 0.009 < 0.1$ 通过一致性验证		

同时根据上述的隶属度与权重,计算出区域雷电风险的隶属度如表 10-136
所示。

表 10-136 区域雷电风险隶属度

风险等级	Ⅰ 级	Ⅱ 级	Ⅲ 级	Ⅳ 级	Ⅴ 级
区域雷电风险	0.2267	0.0891	0.1035	0.3736	0.207

10.12 区域雷电灾害风险小结

10.12.1 体育新城变电站

根据上述的区域雷电灾害风险隶属度,结合最终计算得到Ⅰ级、Ⅱ级、Ⅲ级、
Ⅳ级、Ⅴ级的隶属度 r_1、r_2、r_3、r_4、r_5。

再根据综合评价 $g=r_1+3r_2+5r_3+7r_4+9r_5$,求出 $g\approx4.3904$。

根据本书中第 5.1 节目标风险等级的划分,本评估项目雷电灾害风险处于风险等级Ⅲ级,具有中等雷击风险。

根据本章的计算分析,绘制各致灾因子占总目标的权重,如图 10-20 所示。

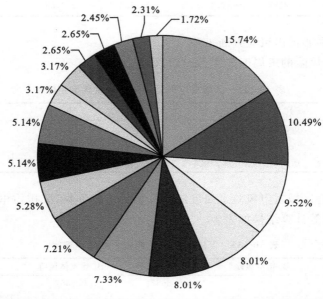

图 10-20　体育新城变电站第四层指标致灾因子占目标总权重表

体育新城变电站项目雷电风险的主要影响因子依次为雷电流强度(15.64%)、雷击密度(10.42%)、土壤电阻率(9.46%)等,应针对以上因素,在设计和施工中采取针对性措施。

10.12.2　西湖公园变电站

根据上述的区域雷电灾害风险隶属度,结合最终计算得到Ⅰ级、Ⅱ级、Ⅲ级、Ⅳ级、Ⅴ级的隶属度 r_1、r_2、r_3、r_4、r_5。

再根据综合评价 $g=r_1+3r_2+5r_3+7r_4+9r_5$,求出 $g\approx5.1211$。

根据本书中第 5.1 节目标风险等级的划分,本评估项目雷电灾害风险处于风险等级Ⅲ级,具有中等雷击风险。

根据本章的计算分析,绘制各致灾因子占总目标的权重,如图 10-21 所示。

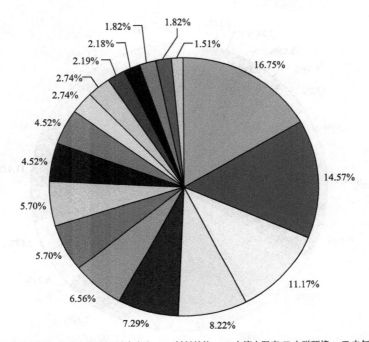

图 10-21　西湖公园变电站第四层指标致灾因子占目标总权重表

　　西湖公园变电站项目雷电风险的主要影响因子依次为雷电流强度（16.75%）、地形地貌（14.57%）、雷击密度（11.17%）等，应针对以上因素，在设计和施工中采取针对性措施。

10.12.3　车辆段与维修基地

　　根据上述的区域雷电灾害风险隶属度，结合最终计算得到Ⅰ级、Ⅱ级、Ⅲ级、Ⅳ级、Ⅴ级的隶属度 r_1、r_2、r_3、r_4、r_5。

　　再根据综合评价 $g = r_1 + 3r_2 + 5r_3 + 7r_4 + 9r_5$，求出 $g \approx 5.0092$。

　　根据本书中第 5.1 节目标风险等级的划分，本评估项目雷电灾害风险处于风险等级Ⅲ级，具有中等雷击风险。

　　根据本章的计算分析，绘制各致灾因子占总目标的权重如图 10-22。

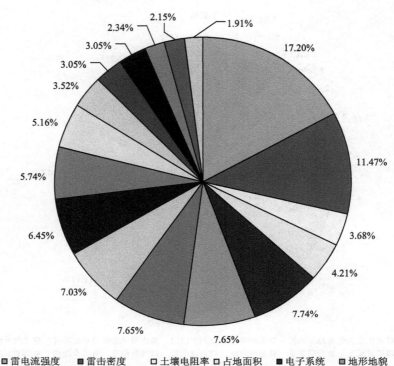

图 10-22　车辆段与维修基地第四层指标致灾因子占目标总权重表

　　车辆段与维修基地项目雷电风险的主要影响因子依次为雷电流强度(15.65%)、雷击密度(10.44%)、土壤电阻率(8.35%)等,应针对以上因素,在设计和施工中采取针对性措施。

10.12.4　控制中心

　　根据上述的区域雷电灾害风险隶属度,结合最终计算得到Ⅰ级、Ⅱ级、Ⅲ级、Ⅳ级、Ⅴ级的隶属度 r_1、r_2、r_3、r_4、r_5。

　　再根据综合评价 $g = r_1 + 3r_2 + 5r_3 + 7r_4 + 9r_5$,求出 $g \approx 5.4897$。

　　根据本书中第 5.1 节目标风险等级的划分,本评估项目雷电灾害风险处于风险等级Ⅲ级,具有中等雷击风险。

　　根据本章的计算分析,绘制各致灾因子占总目标的权重,如图 10-23 所示。

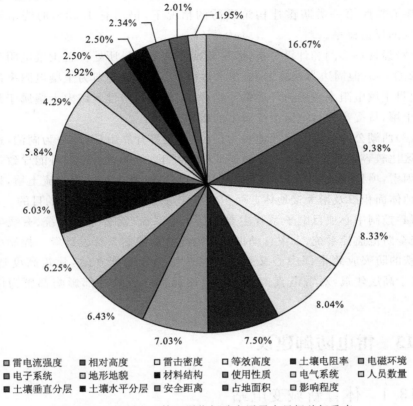

图 10-23　控制中心第四层指标致灾因子占目标总权重表

控制中心项目雷电风险的主要影响因子依次为雷电流强度（16.67％）、相对高度（9.38％）、雷击密度（8.33％）等，应针对以上因素，在设计和施工中采取针对性措施。

10.12.5　各致灾因子占区域雷电灾害风险分析

综上所述，轨道交通 2 号线项目雷电风险的主要影响因子依次为雷电流强度、相对高度、地形地貌、雷击密度、电子系统等。应针对以上因素，在设计和施工中采取针对性措施。

（1）根据雷电多年监测资料活动分析，项目所处位置雷电发生次数多且雷电流强度大，即使当体育新城变电站按照第一类防雷建构筑设防的情况下，仍然有1.36％的绕击概率，反击概率极小，几乎为 0，当按照二类防雷建构筑设防时，有0.25％的反击概率；当西湖公园变电站按照第一类防雷建构筑设防的情况下，仍然有 3.46％的绕击概率和 0.13％的反击概率；当车辆段与维修基地按照第一类防雷建构筑设防的情况下,仍然有 2.82% 的绕击概率和 0.56% 的反击概率;当控制中心按照第一类防雷建构筑设防的情况下,仍然有 1.63% 的绕击概率和 0.41% 的反击概率。

(2)经现场实测和计算分析,体育新城变电站项目所处位置土壤电阻率约为 144.2 Ω·m;但周边为丘陵黏土,含水量偏低,其交界处即为土壤电阻率的突变处;项目土壤电阻率较周边环境低。结合以上分析,项目区域内土壤属于易遭受雷击土壤,将提高项目地区遭受雷击的概率。

(3)西湖公园变电站原始地貌为丘陵,但项目背靠山丘,周边为湖泊,这种潮湿地区比较容易遭受雷击,在不能换址的情况下,务须周全考虑可能导致雷击的各种因素,项目接地体设置时应充分利用区域内自身土壤作为泄流土壤,采用增大接地体面积以及增大接地体截面积的方式,达到降低接地电阻的目的。

(4)控制中心项目电子系统主要包括通信系统、综合布线系统、有线电视系统、安全防范监控系统、火灾自动报警及消防联动控制系统设计等。控制中心既是地铁的防灾应急指挥中心又是机电系统中央设备所在地,建筑高度达 99.9 米,属于高层建筑,对雷电直击、侧击、电磁脉冲等各种外部影响都更为敏感和脆弱。

10.13 雷电防御建议

10.13.1 体育新城变电站

体育新城变电站雷电灾害风险主要来自雷电风险和承灾体风险,因此,设计中的重点是对电气系统的雷电防护。防止过电压波侵入电气系统、削弱进入电气系统的过电压波是保护电气系统的关键。体育新城变电站雷电防护应注意以下几点:

(1)体育新城变电站的直击雷防护系统若按照 LPLII 水平设计,其绕击概率仅为 5.88%,绕击概率低。

(2)直击雷防护系统与线路之间应保持足够的绝缘强度或距离,防止直击雷防护系统接闪时雷电流直接传到线路上。同时,线路布线时应尽量避免形成大的环路,防止雷电电磁场耦合进入线路中。

(3)进出线路处必须进行等电位连接,变压器的高压侧、低压侧应根据实际情况设置防浪涌措施。

(4)体育新城变电站遭受直接雷击时产生的磁场强度足以使变电站内的电子计算机元器件永久损坏,因此,电气设备和电子设备应尽量布置在有屏蔽设施的室内机房,如不能布置在室内,应加强建构筑的屏蔽为计算机及其他敏感电子设备安装屏蔽措施。

(5)体育新城变电站区域及周边有人员活动区域应采取混凝土地面,防止跨步电压。

(6)场地水对钢材具有弱腐蚀性,钢材选取时应注意抗腐蚀性问题。

10.13.2　西湖公园变电站雷电防护建议

西湖公园变电站雷电灾害风险主要来自雷电风险和地域风险,设计中的重点是直击雷防护。因此,西湖公园变电站雷电防护应注意以下几点:

(1)直击雷防护系统按照 LPLII 水平设计拦截效率为 87.50%,拦截效率低,绕击概率大。鉴于西湖公园变电站在地铁 2 号线中的重要作用,应提高直击雷防护装置的拦截效率。

(2)直击雷防护系统与线路之间应保持足够的绝缘强度或距离,防止直击雷防护系统接闪时雷电流直接传到线路上。同时,线路布线时应尽量避免形成大的环路,防止雷电电磁场耦合进入线路中。

(3)进出线路处必须进行等电位连接,变压器的高压侧、低压侧应根据实际情况设置防浪涌措施。

(4)西湖公园变电站在遭受直接雷击以及周边建构筑遭受直接雷击时,都会产生足以使站内的电子计算机元器件永久损坏的磁场强度,因此,电气设备和电子设备应尽量布置在有屏蔽设施的室内机房,如不能布置在室内,应加强建构筑的屏蔽或直接为计算机及其他敏感电子设备安装屏蔽措施。

(5)西湖公园变电站区域及周边有人员活动区域应采取混凝土地面,防止跨步电压。

(6)场地水对钢材具有弱腐蚀性,钢材选取时应注意抗腐蚀性问题。

10.13.3　车辆段与维修基地雷电防护建议

车辆段与维修基地雷电灾害风险主要来自雷电风险和地域风险。因此,车辆段与维修基地雷电防护应注意以下几点:

(1)在车辆段与维修中心区域,直击雷防护系统若按照 LPLIII 水平设计拦截效率为 83.62%,拦截效率低,绕击概率大。若按照 LPLII 水平设计拦截效率为 88.70%,拦截效率低,绕击概率大。若按照 LPLI 水平设计拦截效率为 97.18%,拦截效率高,绕击概率小。

因此,在车辆段与维修基地的各个建构筑防雷设计时,可以有选择性的设置直接雷防护装置,在重要建构筑及设备处,应安装拦截效率高的防雷装置。区域中钢架结构建构筑或金属结构建构筑,可利用建构筑本身作为接闪器和引下线。

(2)在高压线路遭受会接雷击时,周边区域受到的雷电电磁影响极大,因此,高压线路附近的所有线路应尽量采取埋地走线,并应采取屏蔽,屏蔽体两端应接地;线路布线时应尽量避免形成大的环路,防止雷电电磁场耦合进入线路中。

(3)电气线路和电子线路的电源、信号线路应安装适合的防浪涌保护装置。

(4)车辆段与维修基地在遭受直接雷击以及周边建构筑遭受直接雷击时,都会产生足以使站内的电子计算机元器件永久损坏的磁场强度,因此,电气设备和电子设备应尽量布置在有屏蔽设施的室内机房,如不能布置在室内,应加强建构筑的屏蔽或直接为计算机及其他敏感电子设备安装屏蔽措施。

(5)车辆段与维修基地区域及周边有人员活动区域应采取混凝土地面,防止跨步电压。

(6)场地水对钢材具有弱腐蚀性,钢材选取时应注意抗腐蚀性问题。

10.13.4 控制中心雷电防护建议

控制中心雷电灾害风险主要来自雷电风险和承灾体风险。因此,在设计中,应降低雷电流进入电气、电子设备的概率、并增加电气、电子设备的抗干扰能力。

(1)直击雷防护系统若按照 LPLIII 水平设计,拦截效率为 87.40%,拦截效率低,绕击概率大。直击雷防护系统若按照 LPLII 水平设计拦截效率为 92.28%,拦截效率较低,绕击概率较大。直击雷防护系统若按照 LPLI 水平设计拦截效率为 98.37%,拦截效率高,绕击概率小。因此,鉴于控制中心的功能及使用性质,建议控制中心采用拦截效率高的直击雷防护装置。

(2)需要户外走线的线路应尽量埋地屏蔽走线,屏蔽体两端应接地;线路布线时应尽量避免形成大的环路,防止雷电电磁场耦合进入线路中。

(3)电气线路和电子线路的电源、信号线路应安装适合的防浪涌保护装置。

(4)控制中心在遭受直接雷击时,不会产生足以使电子计算机元器件永久损坏的磁场强度,但是会产生使计算机误动作的磁场强度。因此,电气和电子设备应布置在有屏蔽设施的室内。机房的设置应安装在离雷击点较远的区域,并与外墙保持一段距离,如设置在地上二层靠近建构筑中心处。

(5)控制中心区域及周边有人员活动区域应采取混凝土地面,防止跨步电压。

(6)场地水对钢材具有弱腐蚀性,钢材选取时应注意抗腐蚀问题。

对于长沙市轨道交通 2 号线一期工程的雷电灾害评估,除了上述区域雷电灾害风险等级的计算和风险来源的分析以外,还应进行防雷设备材料验算、雷电电磁环境评估、人员安全影响分析以及电气电子系统雷击电涌防护等级等方面的计算和分析,计算过程在此书中不作相关陈述。